乡村产业空间发展丛书

多业融合与乡村产业空间发展

潘 悦 著

中国建材工业出版社

图书在版编目（CIP）数据

多业融合与乡村产业空间发展/潘悦著 . --北京：
中国建材工业出版社，2022.9
　（乡村产业空间发展丛书）
　ISBN 978-7-5160-3584-9

　Ⅰ.①多…　Ⅱ.①潘…　Ⅲ.①乡村规划—研究—中国
Ⅳ.①TU982.29

中国版本图书馆 CIP 数据核字（2022）第 183616 号

多业融合与乡村产业空间发展

Duoye Ronghe yu Xiangcun Chanye Kongjian Fazhan

潘　悦　著

出版发行：中国建材工业出版社
地　　址：北京市海淀区三里河路 11 号
邮　　编：100831
经　　销：全国各地新华书店
印　　刷：北京印刷集团有限责任公司
开　　本：787mm×1092mm　1/16
印　　张：12
字　　数：260 千字
版　　次：2022 年 9 月第 1 版
印　　次：2022 年 9 月第 1 次
定　　价：**69.80 元**

_____

前　　言

多业融合要以做好新型城镇化和农业现代化协调并进作为重要载体。多业融合成为促进城乡要素双向流动，构建"以工促农、工农互惠、以城带乡、城乡一体"新型工农城乡关系的重要抓手和推进城乡一体化发展的必然选择。"产业兴旺"作为贯彻落实乡村振兴战略总体要求的关键，不仅是实施乡村振兴战略的首要任务和重点，也是乡村振兴的基础和保障。

我国大多数乡村受到区位条件、技术手段、资源转化能力的综合影响而陷入发展困境，表现为产业结构低效且单一、运营管理水平滞后和整体内生力不足。为此，国内外学者从不同视角提出了（逆）梯度转移、优化产业结构、关注资源转化、能人模式等发展理论。然而，（逆）梯度转移理论适用于城市群核心城市与支点城市之间的关系，产业结构优化和资源转化等理论仍停留在一、二、三产业之间的循环发展层面，均缺乏对乡村产业实际发展的现实考虑。因此，如何进一步凝练、聚焦并构建可行的乡村多业融合实现路径，进而推进乡村产业发展，是本书的研究重点。

乡村多业融合受到产业的自然资源依附性和产业规律的双重影响。目前相关研究成果重实践总结而轻产业体系构建、重城乡产业协调而轻乡村产业内在机理研究。相对于乡村产业发展涉及的土地权属、公共支出、产业类型和运营主体等方面已有较多研究成果，依托多业融合手段提高乡村产业附加值、加快乡村发展困境突围的研究视角尚属空白。已有乡村产业结构与空间结构耦合关系研究的技术与方法为研究乡村产业融合发展提供了保障。部分学者利用偏离-份额分析模型、比较分析和灰色关联模型可判断乡村产业结构与土地利用结构（自然资源结构）的匹配关系；通过面板数据，运用产业区位熵、耦合关系等模型可分析产业集聚度与产业用地效益的空间耦合关系；优化两者的耦合关系，需要关注乡村区位与资源禀赋下的土地资源与乡村产业重构的互动，这是优化各类乡村产业用地结构并加快产业融合发展的前提。

多业融合是我国乡村发展困境突围的必然选择。本书论证了多业融合实现资源要素优化配置、产业融合发展、空间全面统筹、功能系统强化的"要素-产业-空间-功能"一体化发展思路与路径。同时，乡村多业融合发展需要乡镇政府和村级政府对现状产业的融合发展起到系统性、全局性的引导与统筹作用。由于乡村产业-空间耦合关系下，单个成功的融合型产业建成必然带动周边区域产业发展与集群，因此乡镇政府和村级政府在实现全域产业经济与三生空间统筹的工作中发挥着重要作用。

本书突破以往乡镇政府制定产业规划时缺乏空间格局意识的局限性，兼顾空间资源的开发与保护。在乡镇政府和村级政府主体认清乡村现实困境和发展诉求的基础上，如何有效制定多业融合发展的乡镇产业体系，是乡镇政府有效组织乡镇产业项目工作、优化配置乡镇资源、引导乡镇脱贫发展的关键。而大多数乡村生态环境和资源保护压力大，乡村产业对自然资源的依附力强，需要研究"产业-空间"的耦合关系、不同乡镇的"产业-空间"耦合模式，以及不同关系模式下的乡镇多业融合体系，以最大限度地保障乡镇可持续发展。同时，为实现项目有效落地，制定全过程路径保障策略。引导乡村产业发展与项目建设是一个系统性组织工作，乡镇政府和村级政府如何有效保障乡镇产业的融合发展，还需要系统性综合评估把脉乡镇发展、加强资源环境保护与设施配套保障、利用土地制度和运营组织激发乡镇开发建设活力三个方面的策略研究。

本书获得国家自然科学基金项目"大城市近郊区县农村土地'三权分置'的产业空间响应——以武汉市为例"（51808413）的资助。

由于作者水平所限，书中不足之处在所难免，恳请广大读者批评指正。

著　者

2022 年 5 月

目　　录

1 导　　论

1.1　研究背景与意义

1.1.1　概念解读

1. 多业融合

狭义的多业融合是指多种业态的融合发展，具体来讲就是通过新兴信息技术、多元经营主体推动多种产业交叉、重组、渗透发展，达到延伸产业链、拓展产业功能、强化产业关联度、整体提升产业效益的调控举措①。

多业融合，要做好新型城镇化和农业现代化协调并进，也是促进城乡要素双向流动，构建"以工促农、工农互惠、以城带乡、城乡一体"新型工农城乡关系的重要抓手和推进城乡一体化发展的必然选择。连续数年中央一号文件从"深度挖掘农业的多功能性""壮大新产业新业态""拓展农业产业链价值链"等方面深化农村三产融合路径。党的十九大报告提出"乡村振兴战略"，同样强调促进农村三产融合，鼓励农民就业创业，实现增收致富，缩小城乡收入差距。

2. 产业兴旺

党的十九大报告把"产业兴旺"作为贯彻落实乡村振兴战略总体要求的关键。产业兴旺不仅是实施乡村振兴战略的首要任务和重点，也是乡村振兴的基础和保障。只有做大、做强、做优乡村产业，才能保持乡村经济发展的旺盛活力，为乡村振兴提供不竭的动力。

从乡村振兴战略实施的主要领域和现实情况看，产业兴旺最直接的意义是解决乡村两大问题——就业问题和收入问题。但产业兴旺不仅指农业兴旺，更是产业融合、百业兴旺的概念，是指主要依托农业基础差异化构建多元乡村产业体系，实现不同产业之间的深度融合，最终达到乡村产业全面发展的目标。

1.1.2　研究背景

1. 乡村是关乎各省巩固拓展脱贫攻坚成果同乡村振兴有效衔接的重点地区，又是各省乡村文化、活力和生态的延续保护地区

---

① 薛金霞，曹冲. 国内外关于产业融合理论的研究综述［J］. 新西部，2019（30）：73-74＋90.

（1）巩固拓展脱贫攻坚成果同乡村振兴有效衔接的重点地区。2020 年我国现行标准下农村贫困人口全部实现脱贫，贫困县全部摘帽，区域性整体贫困得到解决，困扰中华民族几千年的绝对贫困问题即将历史性地得到解决，脱贫攻坚取得全面胜利，提前 10 年实现《联合国 2030 年可持续发展议程》减贫目标，在促进全体人民共同富裕的道路上迈出了坚实一步。但脱贫摘帽不是终点，目前乡村地区基础设施缺位、公共服务水平滞后、人居环境质量不高等问题依然较为突出，因此打赢脱贫攻坚战、全面建成小康社会后，要在巩固拓展脱贫攻坚成果的基础上做好乡村振兴这篇大文章，巩固拓展脱贫攻坚成果同乡村振兴有效衔接，让包括脱贫群众在内的广大人民过上更加美好的生活，朝着逐步实现全体人民共同富裕的目标继续前进。

（2）人文生态延续保护地区。在产业、资源、人口三大因素作用下，乡村是延续乡村文化、保护生态环境、提升地区活力的重要聚居区。我们应坚持乡村经济发展与人文生态保护齐头并进的理念，在规划中应与时俱进地考虑山、水、林、田、湖、草等国土空间载体与产业发展的关系，通过"产业-空间"耦合联动发展，因地制宜地推动乡村发展，达到城乡永续发展的目标。

2. 乡村是落实相关乡村发展、乡村振兴系列政策文件最重要的地方

"理论离不开实践"。我党为高质量完成"第一个百年奋斗目标"，解决"三农"问题，先后提出"精准扶贫"和"乡村振兴"两大关键部署，开展建设美丽乡村、特色小镇、田园综合体等助推乡村产业经济、环境风貌、生态景观全面提升的工作安排。习近平总书记更是于 2018 年 10 月至 2019 年 9 月期间，先后走访了广东清远、重庆华溪村、江西于都、甘肃武威、河南光山等乡村地区，考察相关政策的落实情况，亲自谋划、亲自挂帅、亲自督战，力争将扶贫工作和乡村振兴工作落实到位。

（1）产业融合相关政策。《国务院关于促进乡村产业振兴的指导意见》（国发〔2019〕12 号）指出，乡村振兴的重要基础在于产业兴旺，乡村产业的主体是农民，乡村发展宜依托农村农业资源，走农村一、二、三产业融合发展的道路。文件强调以实施乡村振兴战略为总抓手，充分挖掘乡村的多元功能和价值，从重点产业和资源要素入手，延长和提升产业链、价值链，加快构建现代农业的产业生产和经营体系，推动城乡融合发展，为实现农业农村的现代化奠定基础。

《中共中央　国务院关于坚持农业农村优先发展做好"三农"工作的若干意见》（2019 年 1 月 3 日）指出，做好"三农"工作，就是要对标全面建成小康社会，要求充分发挥农村基层党组织战斗堡垒作用。发展壮大乡村产业，健全农村一、二、三产业融合发展利益联结机制，推进乡镇产业融合发展。

《农业农村部关于印发〈全国乡村产业发展规划（2020—2025 年）〉的通知》（农产发〔2020〕4 号）指出，产业兴旺是乡村振兴的重点，是解决农村一切问题的前提。虽然农村创新创业环境不断改善，新产业新业态大量涌现，乡村产业发展取得了积极成效，但现阶段仍存在产业链条较短、融合层次较浅、要素活力不足等问题，乡村亟待加

强引导产业升级，加快以二、三产业为重点的乡村产业发展。

（2）土地相关政策。2016年国务院颁布的《关于完善农村土地所有权承包权经营权分置办法的意见》提出，将农村土地产权中的土地承包经营权进一步划分为承包权和经营权，实行所有权、承包权、经营权分置并行。这一意见的出台在现阶段具有非常重要的意义，这也是继家庭联产承包责任制后农村改革的又一重大制度创新。党的十九大报告提出，各地要巩固和完善农村基本经营制度，深化农村土地制度改革，完善承包地"三权分置"制度。

政策的闸门一旦开启，积攒的水能势不可挡。通过制度不断创新和试点稳步推进，"三权分置"形式正在有效实现，随后各省先后探索出抵押、互相交换、出租、入股、拍卖、托管等模式，这些模式极大释放了土地的价值，为乡镇发展提供了大量借鉴。

3. 乡村在多元市场化的机遇下由于缺乏上级政府的系统指导，出现了难以持续以及对地方生态与国土资源利用率不高等系列困境

（1）市场经济对上位规划指导的需求。目前我国经济发展仍处于区域经济发展不平衡的阶段。村镇为了追求区域经济发展，在当前市场化机遇下，凭借着新的经济发展契机，呈现出百花齐放、多元业态的产业发展态势。但是由于缺乏上级政府的系统指导，往往倾向于较为快速的经济增长方式而忽略经济发展的质量，这不利于地区乃至区域经济的可持续发展，同时不可避免地间接造成了地方生态破坏、国土空间资源利用率不高等系列问题。

（2）上位规划指导下的产业发展。乡村普遍存在产业发展融合不充分、产业间边界较复杂、多业融合产业体系难以形成等现实问题。在上位规划的科学指导下，村镇需要借助国家各级政府政策优势，科学合理发展产业，并通过产业发展促进社会、经济发展，吸引原住地人口返乡。同时政府对乡村产业发展的推动作用是一把双刃剑，对其发展的引导和支持并不是万能的，能否实现乡村产业的自身"造血"才是关键。

1.1.3　研究意义

1. 对提高我国乡村多业融合发展的科学性和实效性具有重要的学术价值

由于城乡"二元"土地制度的差异，乡镇政府缺乏政策手段有效指导乡村一、二、三产业融合发展，从而在一定程度上限制了农户对宅基地与承包地的多元化产业行为。"三权分置"土地政策的颁布与实施，释放了市场需求下的乡镇产业活力，并推进了乡村产业多元化与一、二、三产业融合发展。具体表现为通过优化农村"宅基地和承包地"的用地配置和空间布局，满足规模农业、设施农业、农产品加工业、农旅产业及配套服务业等乡村产业态的用地需求。本书对多业融合与乡村产业空间发展的"现状特征-耦合思路-融合模式-实现路径"展开系统化论述，分出四种多业融合发展类型：一产＋农业科技融合发展型；一、二产融合发展型；一、三产融合发展型；一、二、三产业融合发展型。在此基础上，归纳出四种乡村多业融合产业体系，即农业-现代农业多业融

合产业体系、农业-旅游多业融合产业体系、旅游-康养多业融合产业体系、农业-加工-旅游多业融合产业体系，提出了三种乡镇产业空间组织模式，即综合职能型、农旅统筹型、协作分工型。并根据不同的产业空间组织模式，对应总结出三大乡村多业融合发展路径策略：系统性综合评估策略、资源环境保护与设施配套策略、土地制度与运营组织策略。由于乡村空间广袤，涉及范围与类型较广，因此本书把乡村这个研究对象从区位特征上进行类型划分，选定城市近郊区乡村与欠发达乡村（镇）这两个层级进行研究，基本可囊括所有的乡村类型。同时，本书立足于国内外相关研究现实，着力于乡村产业多业融合发展及其空间优化研究，领域在一定程度上弥补了当前研究的空白。此外，本书将城市近郊区乡村和欠发达乡村（镇）作为重点研究的主体对象，研究内容细化到兼顾平原农业型、贫困山地型以及大城市近郊区型层面，其"产业-空间"耦合模式，乡村多业融合体系及实现路径研究具有一定的"实效性"，对我国中部、西北部欠发达地区及东南部城市近郊区乡村多业融合的路径研究具有一定的借鉴参考意义。

2. 对全方位指导乡村产业转型、乡村振兴具有重要的现实意义

《国务院关于促进乡村产业振兴的指导意见》（简称《意见》）指出，产业兴旺是乡村振兴的重要基础，是解决农村一切问题的前提。为此，农业农村部发布了《2020年乡村产业工作要点》。该要点指出：2020年是全面打赢脱贫攻坚战的收官之年，是全面建成小康社会的目标实现之年，其对促进乡村产业发展具有重要意义。

《意见》提出，全面小康、乡村振兴的主战场在乡村，即：乡村为完成全面小康和乡村振兴的历史使命和重要战略任务，其根本做法在于在更大区域层面思考自身任务与担当，对接好区域产业的职能。因此，聚焦乡村振兴，应从资源本底、内部供给、外部需求，以及资源利用、经济效益的最大化等视角剖析，全方位探索乡镇转型及产业的发展路径，助推生态保护、经济发展导向下"产业经济-土地空间-组织主体"等要素的优化配置，对指导各省乡村以产业推动乡镇转型、实现全面建成小康社会目标、促进乡村振兴具有重要的现实意义。

3. 对各级乡村政府积极、有序引导产业项目落地具有重要的实践意义

以往的各级乡村政府在指导乡村产业发展上存在着"就产业论产业"的局限性，缺乏空间意识，对空间资源的合理支配存在盲点。产业规划和空间布局错位，导致生态空间安全风险骤增、生产空间利用效率低下、生活空间适宜程度不高，难以保证项目有序落地。

基于空间资源保护利用和各级乡村政府引导开发治理的视角，本研究提出产业融合项目落地的实现路径：首先结合"双评价"等技术从空间区位、内生资源和外部环境层面进行系统性评估，使得各村"产业-空间"耦合机制能够有效促进多业融合发展；其次运用宅基地改革、集体建设用地入市等农村土地制度作为产业用地规模流转的政策支撑；最后提出符合产业融合体系的开发与治理组织模式——多主体参与式，即通过各级乡村政府对多业融合项目的引导、协调、服务、监督的作用，充分发挥各主体优势，使政府、企业、乡贤、村民等共同参与产业项目的有序落地。因此，本书对各级乡村政府

积极有序地引导产业项目落地具有重要的实践意义。

1.1.4　小结

基于上述背景研究，综合反映出当前我国正处于全面建成小康社会过程中的"不平衡""不充分"阶段，现阶段的主要矛盾聚焦于乡村地区，尤其是欠发达地区的乡村。这需要我们以产业为驱动，推动乡村经济、社会和环境的全面提升，实现区域资源有机整合，产业、空间融合发展，社会共建共享。本书因地制宜地提出"产业-空间"耦合带动模式，即以多业融合产业体系推动新型城乡产业空间协调发展的理念和途径，加强乡镇资源合理配置、产业结构优化、农民减贫脱贫和增收致富，统筹城乡协调发展，为新时代实现乡村振兴提供有效的途径。

长期以来，我国城乡规划学科对城市空间组织规律及空间布局战略积累了丰富的研究成果，但对乡村产业的空间组织耦合、人文生态关系以及国土空间适应性缺乏深入研究。时至今日，抓住国家推进巩固脱贫攻坚成果、对接乡村产业振兴战略的机遇，提升乡村产业品质，通过科学规划和重组农村"产业-空间"耦合多业融合产业体系，支持农村经济社会发展和现代化建设的转型，是实现乡村产业繁荣发展的有效途径。

1.2　研究思路与方法

1.2.1　研究思路

（1）本书的研究思路基于两点展开：一是多业融合是乡村发展困境突围的必然选择。本书聚焦乡村这一研究对象，剖析了乡村立足产业空间发展困境，论证了乡村以多业融合实现要素优化配置、产业融合发展、空间全面统筹、功能系统强化的"要素-产业-空间-功能"一体化发展困境突围思路的可行性。二是乡村多业融合需要各级乡村政府对现状产业的融合发展起到系统性、全局性的引导与统筹作用，构建乡村产业空间发展模式。在乡村产业-空间耦合作用下，单个成功的融合型产业将会带动周边区域产业集群发展，因此乡村政府必须在以产业及空间为切入点，实现全域产业经济与三生空间统筹的工作中起重要的引导作用。

（2）在认清乡村现实困境和发展诉求的基础上，如何有效制定多业融合发展的乡镇产业体系，是村级政府有效组织乡村产业项目工作、优化配置乡村资源、引导乡村脱贫发展的关键。而乡村的生态环境和资源保护压力大，乡村产业对自然资源的依附力强，导致课题需要同时研究"产业-空间"的耦合关系、不同乡镇的"产业-空间"耦合模式，以及不同关系模式下的乡镇多业融合体系，以最大限度地支撑乡镇可持续发展。

（3）乡村产业发展与项目建设是一个系统性组织工作，各级政府为有效保障乡村产业融合发展，还需要做好三个方面的保障工作：一是系统性综合评估把脉乡镇发展；二是资源环境保护与设施配套保障乡镇产业项目运行；三是利用土地制度和运营组织激发乡镇开发建设活力。

1.2.2 研究方法

1. 文献分析理论支撑法

目前有关多业融合的相关研究主要集中在产业融合方式及效益研究、具体案例支撑下的产业融合及发展对策研究等方向，而本书聚焦于大城市近郊乡村与欠发达乡村（镇），构建"以空间划分"多业融合模式选择思路，划分乡村多业融合体系四大类型，提出三大策略的系统性研究是前所未有的。本书以大量的文献参考为基础，着重对多业融合方式、乡村产业及空间耦合关联展开研究，为后续乡村多业融合突围路径选择、多业融合模式构建思路、多业融合体系类型划分以及把脉、摸底、盘活三大助推多业融合策略的提出奠定了坚实的基础。

2. 规范研究法

本书运用规范研究法，假定事物均按照内在联系有逻辑地演变来推导最终结论。经过产业融合方式、产业融合发展类型等一系列系统研究，从横、纵等多方向推导乡村产业一体化发展模式；从乡村产业融合动力机制中探索划分逻辑，进行多业融合体系类型划分，而后运用实际案例进行论证，整体构成文献参考—逻辑归纳—演绎推导—案例论证的因果关联逻辑闭环。

3. 经济-空间分析模型和GIS辅助的空间分析方法

基于实证案例数据的采集与整理，在"乡（镇）-村"产业空间的运行层面，通过处理研究乡村空间图形和建立其属性数据库，利用合适的经济-空间分析模型和GIS的空间分析功能，研究乡村"产业-空间"布局特征以及产业经济转移、产业空间聚集情况，为不同类型乡村产业-空间耦合模式的研究提供基础的技术支撑。

1.3 相关理论支撑

1.3.1 多业融合的相关研究

国外对多业融合的研究起步较早，最初用于描述光线的汇聚与发散现象和计算机与通信融合图景，而后延伸至气象、生物等学科领域（金伊宁等，2020），之后关于产业融合的研究逐渐增多。其中以日、韩、美、荷等国的应用研究为主，如20世纪90年代日本的今村奈良臣针对农村衰落、农业凋零现象，提出了农业一、二、三产业融合发展，创效增收路径。他提出传统农业向1+2+3或1×2×3"六次产业"转变的理论，结合"一村一品"建设实践对指导日本实现产业振兴具有重要意义。而后韩国效仿日本，高度重视三产融合，在此基础上开展"新村运动"，助推乡村现代化进程（崔鲜花等，2019）。具体来讲，对于该理论的实践应用，韩国在一定程度上超越了日本。它注重完善农业产业体系，打造多元农业产业的同时创新乡村业态，大力发展"农业＋"的产业融合体系，并在实践中先后出台《农渔村收入源开发促进法》等多部法律助力"以产兴乡"。此外，20 世纪 60 年代的美国则以生物农业、数字农业、生态农业、旅游农业等新型农业形态实现了乡村产业的快速崛起，这为美国农业的发展提供了巨大动力。荷兰则提出"农业全产业链"发展思路，极大挖掘了荷兰乡村产业的附加价值。

国内有关"产业融合"的研究起步较晚，其思想来源于亚当·斯密的"劳动分工"理论。该理论认为分工越细，劳动生产率越高，且由劳动分工带来的产业红利就越高。其中，于刃刚（1997）最早指出，伴随着农业产业化的发展，国内一、二、三产业间也开始发生渗透融合现象。随后，围绕着日韩六次产业以及中国农业产业融合的相关研究开始出现，如王志刚（2001）率先通过分析日本"第六产业"的具体内容，较全面地总结了对中国化现代农业发展理论建设、政府和行业协会功能发挥、相关技术应用、民间资本引入的重要启示。整体而言，目前国内有关产业融合的研究主要体现在以下方面：

（1）产业融合方式研究。周晓鹏（2015）将其总结为功能板块嵌入式、上下链条延伸式、混合联动发展式。施学奎（2018）将其总结为一产内部融合，一产向二产、三产延伸，农业功能拓展，跨界融合以及农业产业集群融合。唐卫峻、陈宏民（2020）在《农村产业融合发展与产权交易创新》一书中将乡村产业融合方式总结为农业内部融合型、产业链延伸型、功能拓展型、新技术渗透型、多业态复合型、产城融合型六种类型，对产业融合方式进行了较为全面的概述。

（2）乡村产业融合效益研究。黄丹农（2020）提出产业融合是促进产业兴旺的重要途径，乡村产业融合对乡村地域空间的功能需求在不断提升，会大幅度激活乡村土地的功能效益。杨承钏（2015）从城乡循环农业视角，认为循环农业这种"农业＋"产业融合模式可以优化生态空间结构，超越区域界限，促进城乡区域生态空间一体化发展。王志标（2020）聚焦田园综合体产业链整合，系统指出农业产业融合的生态、经济以及社会效益。

（3）乡村产业融合困境以及突围路径研究。叶信平（2020）较为全面地揭示出农村一、二、三产业融合缺乏地方特色，农民利益联结机制不健全，横向融合力度较弱等问题，并针对性地提出完善农业产业融合的政策体系，鼓励发展农业产业新业态，协调农业产业融合利益关系等应对策略。张林（2019）等从农村金融发展困境的现实视角，提出政府政策引导、完善金融体系，多元金融服务供给的产业融合路径。阎志英（2019）等从配套措施视角提出通过培育多元经营主体、创新农村土地制度、完善农村农业基础设施以及构建农业综合服务体系方面促进一、二、三产业融合发展。

1.3.2　乡村产业与乡村空间的关系研究

1. 乡村产业组织模式的研究

理论上，产业组织模式是指产业链上下游主体之间相互作用而形成的具有特定产业形态和功能的经营方式（Ford et al.，2012）。在农村一、二、三产业融合发展格局下，产业链上的主体包括农产品生产（农户）、专业合作组织、农产品加工企业、田园综合体、农业旅游、消费者等。相应地，这些主体在横向和纵向维度上的各类组合就形成了不同的近郊区乡村产业组织模式（钟真等，2012）。然而，当前研究很少关注"空间"因素对产业组织模式的影响。首先，农户选择何种产业模式与当地的资源禀赋有关，地区间经济发展的不平衡也会显著地影响乡村产业发展形态。举例来说，在市场发育程度比较好的农村地区，农村产业多元化经营程度高，市场化交易模式效率更高。显然，上述从产业链主体出发，考察中国乡村产业组织模式的研究是不彻底的。本研究认为，在传统研究的基础上，有必要纳入产业空间组织模式的考察。

2. 乡村产业与空间耦合理论研究

该板块的理论研究重点在于乡村产业与空间耦合关系的测度以及产业升级转型下对空间重构优化策略的研究。其中，翁一峰、吕斌（2014）依据资源特征的根植性理论，提出乡村产业涉及产权结构、投资主体、资源价值等方面，且根植于土地的规模农业、旅游业，以及工业园区均只有厘清乡村产权关系，才能针对不同产权关系下的空间特征构建合理的乡村空间研究框架。吕月珍、吴宇哲（2008）从耦合逻辑的角度，提出产业结构变化将引起不同产业间土地利用结构的效益差异，从而推进空间结构转型。部分学者（代合治，1997；高密，2012）则实证研究了产业结构与空间结构的关系，进一步提出适应乡村产业结构变迁的规划策略。

3. 乡村规划领域关于乡村空间组织的技术方法研究

目前国内乡村规划领域有关乡村空间组织技术方法的研究仍不够系统。研究领域涉及：地域背景下乡村发展类型及乡村性空间分异研究（孟欢欢等，2013），基于市场扩张的乡村空间尺度重构（李广斌等，2017），基于农户视角的农村居民点整理政策效果研究（王德等，2012），制度变迁视角下村庄要素整合机制研究（唐伟成等，2014）。部分学者（蒋谦，2009）等以实证为基础，总结出农村用地结构空间模式的典型类型，描述了农村用地结构空间模式的拓扑关系，并构建了农村用地结构空间模式识别的指标体系；运用 GIS 与 SPSS 软件构建村庄空间集约度测度模型，评价宏微观层次的测度内容（伍超，2011）；研究镇村布局规划，可通过 GIS 实现多因子空间叠置分析，综合研究村镇空间布局的规划技术路径（叶育成等，2007；王爱，2013）。

4. 乡村产业结构与空间结构的耦合关系和方法研究

陈兴中（1990）等是我国较早研究乡村产业结构与地域布局空间耦合关系的学者，提出乡村产业空间布局的若干观点。其中，多元主体类型对产业效益的追求是产业空间转型的原动力，并以此推进乡村土地利用结构变迁（魏开等，2012）。针对乡村产业结构变化的基本特征，可运用定量方法分析乡村产业结构变动方向，为产业用地布局提供借鉴（代合治，1997）。而优化两者的耦合关系，需要关注乡村经济社会结构变化下的土地资源与乡村空间重构的互动，这是优化各类乡村产业用地结构的前提（龙花楼，2013）。

5. 耦合关系论证技术及应用研究

刘洋（2005）通过土地利用系统与城市主导产业、土地利用结构与产业结构的关联分析，定量论证了产业-空间的关联关系，为乡村土地利用和产业结构调整提出对策与措施。王群（2006）利用统计分析法、指数分析法和复合指标法，研究乡村产业、空间的结构、均量以及复合关系，揭示了产业结构与用地结构的耦合变化规律。冯年华（1995）提出用结构变化率来衡量产业结构和用地结构的变化程度，实证了产业结构和用地结构存在互动关系，并揭示了其互动趋势。李秀霞、徐龙（2013）依据产业结构与土地利用结构"同步"与"错位"理论，构建偏离-份额分析模型、比较分析和灰色关联模型，判断了产业结构与土地利用结构的匹配关系，并系统指出产业-空间脱钩错位的原因及纠偏建议。陈刚（2020）则在构建综合性评价模型的基础上计算耦合协调度，从时间、空间两个维度验证了珠三角产业、空间、人口的耦合协调关系，并提出应坚定走优化产业布局，加快空间格局调整，推动人口、产业、空间协调发展的道路。

6. 耦合理论衍生应用研究

陈潇玮（2016）以产业与空间一体化的形态模式为基础，提出以产业重构为导向的城郊乡村的规划策略，即在规划过程中，产业重构与空间重组并重并最终构成经济可持续发展的活力空间的建设思路。闫建（2019）结合三生理论，提出以产业发展为出发点、土地整治为抓手的乡村空间优化策略。姜申未（2018）则从产业重构与空间重组角度出发，从"人、地、产"三方面提出土地整治新模式。

1.3.3 农地制度对乡村产业发展的影响研究

1. 农村土地流转存在的问题

大多数学者认为土地权属关系混乱、所有权主体界定不清是影响我国农地流转最重要的因素（周先智，2000；陈卫平等，2006）。在中国的农地流转中，有一半农地流转是农民自发私下进行的，用地流转的随意性和不稳定性强，在流转手续和程序方面也存在不少问题，留下许多隐患（傅晨等，2007）。类似地，其中最为突出的表现是隐性交易严重，流转具有自发性和无序性，尤其在城乡接合部，农地隐性交易大量存在（张燕，2009）。此外，农村土地市场发育不完善也被视为阻碍农村土地流转的重要因素。张红宇（2002）从市场的封闭性考察了农地流转问题，将土地难流转归因于信息不对称和高交易费用。田传浩等（2004）则将农村市场发育不完全归因于制度因素，并认为当前的农地制度下，农户自身的资源禀赋难以提高，因此缺乏农地流转的动力。

2. 农村土地流转的模式

中国地区间经济发展水平存在显著的差异，导致各地土地利用效率不同且各地的农地流转形式也不完全一样。在农地使用权流转形式中，转包被认为是中国农地流转的主要形式（韩连贵，2005；胡小平等，2005）。但是随着城镇化的推进，农地流转方式也从以转包为主向其他方式过渡（史清华等，2005），如土地的租赁，因为农户在很大程度上是依靠土地租赁市场来实现资源有效配置的（陈和午等，2006）。近年来，宅基地使用权流转也成为农地流转创新的一种方式，比如重庆的"地票制"，这种土地流转模式区别于土地征收。"地票"指与建设用地挂钩的指标，特指包括农村宅基地、乡镇企业用地、农村公共设施和公益事业建设用地等农村集体建设用地，经相关规定的程序批准复垦为耕地后，再经过严格验收可用于建设用地指标。此类集体所有的土地若进行出租或买卖，则由土地交易所集中进行（周靖祥等，2011）。

上述研究均是从外生角度考察农地的流转。需要说明的是，无论是农地权属混乱还是农村土地市场发展不完善，其研究目的都是在制度的层面上保证土地流转顺利进行。事实上，农村土地流转最核心的动力是源于城市自身发展的需要和农户非农化的要求。因此，土地流转的制度完善与否只是农地流转与否的必要条件而非先决条件。此外，单纯去探讨土地流转模式并不是一个好的研究策略，正如本书一再强调的，农地流转受当地的经济发展水平和社会习俗的影响较大。不同地区的土地流转模型其借鉴意义始终有限。本书的理解是，对于中国这样一个地理面积和文化差异巨大的国家来说，基于某一地区来考察农村土地流转的动力机制可能在政策上更有操作价值。

3. 农村土地制度改革对乡村产业发展的影响

在我国农地制度改革进程中，农地流转对乡村产业及其空间产生了较大影响。韩冰华（2005）研究了中华人民共和国成立以来我国农地制度变迁的路径与绩效，从制度经济学视角提出了我国农地优化配置模型构想，分析了政府、企业与农户在不同层次农地配置中的角色与作用。农地流转制度推动了乡村产业主体的多元化，原有的农村集体成员权发生了微妙的变化（李峰，2011；徐志强，2014）。更积极地来说，地权激励能够推动农地优化配置、提高农地效率，而地权稳定性对推动农村金融发展、加大投资的积极性具有显著影响（李体欣，2011；许庆，2005；游和远，2014）。而不同地区、不同阶层对农地流转的积极性存在着差异（邵景安，2007；卞琦娟，2010；许恒周，2011），这一点对近郊区县农户的影响更为深刻。实证研究部分聚焦大城市近郊区乡村的农地流转效益分析，证实了当地乡村经济出现了不同程度的增长（于森森，2006；高欣，2007）。而卢盛荣（2012）计量研究了地权稳定或流转对农地碎化地区经济的影响。需要注意的方面是农地流转后当地农村基础人口、农业与非农就业人口均出现了不同程度的变化（钟甫宁，2009；曹亚，2010；田传浩，2014），建议政府采取措施积极应对。

4. 农地产权与农业生产绩效的研究

根据现代产权理论，清晰的农地产权不仅能够激发农户生产经营的积极性，还有助于降低交易成本，实现农业的规模化经营（Holden et al.，2007）。在发展中国家，城市化促使大量的农村人口向城市转移，此时，一个功能完整的农地产权不仅能够提高农民收入水平，对促进农业生产发展也至关重要（Kimura et al.，2011）。相反，"残缺"的农地产权会阻碍农村劳动力向城市迁移，降低农户农地租赁市场的参与度，从而限制农业生产绩效的提高（Rupelle et al.，2010）。具体到中国，由于农地的公有制属性，大量研究考察涉及农地产权调整对农地流转规模的影响。其中一个较为一致的结论是，农地产权的管制与农地制度的不确定会显著地降低农地流转规模（罗必良等，2010），不安全的农地产权阻碍了农户有效参与到农地租赁市场中（Feng，2006）。本质上，在"三权分置"背景下，农村产业绩效的提高与土地要素配置的效率有关，其中一个最为核心的表现就是乡村产业组织模式的变化。然而，当前关于农地产权功能调整与乡村产业组织模式之间关系的研究还相当少，这也是本书力图弥补的地方。

2 乡村产业空间现状特征

2.1 乡村产业现状

2.1.1 乡村产业及其功能

1. 产业

产业是经济学词汇，具体是指具有某种同类属性的经济活动的集合或系统。目前我国对于乡村产业没有明确的定义，本书所涉及的产业特指大城市近郊区乡村产业和欠发达地区乡村产业，是指对乡村的经济发展具有重要影响的经济活动的集合，包括都市农业、传统工业、新兴产业三类。

2. 乡村产业功能

（1）以产业兴旺促乡村振兴。近年来，工业化、信息化、城镇化加快推进，工农城乡发展加速融合，乡村比较优势不断加强，产业发展基础日益坚实。在农村经济社会螺旋式上升的历史进程中，乡村产业到了再度振兴繁荣、兴旺发达的重要关口。在这个大背景下，进一步明确发展方向，加大扶持力度，培育、壮大中国特色乡村产业是当务之急。其对于提高我国农业竞争力、增强农村经济活力、推动破解农村社会的一系列深层次矛盾、实现农村长治久安、从根本上破除城乡二元结构、实现乡村振兴目标等均具有十分重要的意义[①]。乡村产业发展将成为激活乡村活力的基础与源头，只有乡村产业兴旺，才能吸引资源、留住人才；只有乡村经济发展，才能富裕农民、繁荣乡村。离开产业的支撑，乡村振兴就是空中楼阁；离开乡村产业的发展保障，乡村振兴就是一句空话。

（2）承接城市外溢产业。长期以来，我国在处理城乡关系上，采取了"工业优先、城市偏向"的政策取向。在产业政策上，强调城市工业优先发展；在资金流向上，国家通过税收、工农产品价格"剪刀差"、金融等途径，把农业剩余源源不断地由农村转入城市；在人口流动上，通过户籍制度以及对农民的歧视性的就业、福利制度安排，使得农村人口向城市的流动存在较多障碍和限制。这种城市偏向的产业发展政策，致使农村非农产业发展滞后，农村经济增长乏力，城乡产业发展差距日益拉大，形成了非良性互

---

① 孔祥智. 产业兴旺是乡村振兴的基础 [J]. 农村金融研究，2018（2）：9-13.

动的城乡产业关系。目前，我国已经进入了工业反哺农业的发展阶段，城乡产业合作不仅成为现阶段构筑城乡经济社会发展一体化新格局的重要基础和动力，而且是促进城乡产业结构优化升级的主要途径，还是从根本上破解"三农"难题的重要举措。此外，大城市集聚强化和扩散辐射过程中，以空间资源为导向，以"自上而下"的政府调控、"自下而上"的民间发展、"利润为本"的市场机制等为动力机制的乡村产业随之兴起，乡村因其具有明显的区位比较优势，承载了大部分的城乡产业空间增量，成为"退二进三"政策驱动下主城区产业外溢部分的主要受体[①]。

（3）平衡城乡发展的重要力量。城乡产业经济关系的研究中，围绕着城乡产业的功能定位形成两种思想。一种把城乡经济关系看成以城市为中心、先城市后乡村的联系与互动，强调先发展城市、后带动乡村地区的发展。本质上看，是城市工业导向的城乡产业发展思想。另外一种则坚持了不同观点，强调乡村产业的重要作用。一些学者更是提出了通过次级城市发展战略、Desakota 区域[②]、农业城镇发展模式等来平衡城乡产业发展，进而实现城乡相融、城乡一体化。

从我国实践看，处理城乡经济关系过程中所采用的城市带动乡村、乡村城市化等模式，背后隐含着的主导思路是城市处于绝对主导地位，而乡村本体地位的能动作用往往被忽略。城市和乡村成为两个相对独立的经济体，相互之间无法形成有机的联系。

但是从两者的互动角度分析，城乡关系是城市与乡村围绕各自经济利益，在经济、政治、社会文化制度等各方面相互依赖的竞争与合作关系。经济互动是城乡互动的重要内容，产业是经济的载体，因而城乡产业互动是研究城乡关系的关键，也是城乡融合发展的新思路。城乡产业互动的主体是城市产业与乡村产业，更细化地说，是城市产业要素（包括组织、资源、市场、劳动力、技术、信息、发展机会等）与乡村产业要素之间的多重传播或拓展，它们共同构成了城乡产业互动的内容与载体。通过城乡关系互动，城乡交易关系形成并不断扩大，又因城市产业与乡村产业互为市场，城乡产业间的关联性也逐渐加强，城乡产业链条也随之拉长与壮大，城乡双方均获得持续、有效的共同发展。城乡关系强调城市与乡村的双主体地位，城市与乡村发挥各自的禀赋优势，同时进行平等、全方位的互动，最终城乡产业相互间形成有机的联系。除此之外，通过缩小城乡之间技术知识水平差异化程度，提高城乡产业的互动程度，促进城乡产业合作关系不断创新、产业结构不断合理化，进而推动城乡整体经济的发展，来达到统筹城乡的发展模式。

乡村发展经历了一个以农业生产为主，到消费主义，再到多元复合空间的认识过程。而在新型城乡关系背景下，新型城镇化突出了城乡统筹和城乡一体的新型城乡关系理念，强调社会经济结构向现代化转型，城乡发展的集约化和内涵化，以及城镇体系结构的合理化商务要求。乡村发展应充分认识乡村的资源禀赋和地域环境的差异性，不再

---

① 吴硕．大城市近郊区产业空间统筹规划策略研究［D］．武汉：华中科技大学，2013.
② Desakota：由加拿大学者麦吉对亚洲一些国家进行长期研究后提出的概念，即建立在区域综合发展基础上的城市化，本质为城乡统筹协调发展。

片面追求人口以及土地的城镇化，使乡村成为城乡二元结构消融和渗透的"第三元"空间。而乡村产业则是自下而上生长起来的、最具有市场敏锐力和生命力的、与城市产业维持"平衡"的重要力量。

2.1.2 产业类型及其特征

1. 产业类型划分

（1）以往的产业分类方法。1978年以前我国乡村产业采用的是苏联的分类方法，将近郊区产业分为农业、轻工业、重工业三类。改革开放后，为了适应经济社会快速发展的需要，1985年国务院按照国际通用的三次产业分类法对产业统一进行了详细的划分（表2-1）。

表2-1　三次产业分类

产业类型	具体细分
第一产业：大农业	农业、林业、畜牧业、渔业等
第二产业：轻工业	加工业、采矿业、制造业、建筑业等
第三产业：流通业与服务业	交通运输业、商业、各种服务业、文化教育业、科研卫生及其他各项事业

（2）本次研究的乡村产业分类方法。以往产业是从经济学的角度进行分类的，本次研究对象为乡村，按照区位条件分为大城市近郊区乡村（镇）和欠发达地区乡村（镇）两类。本书着重分析乡村建设在产业与产业建设优势上的耦合效应，并从城乡规划学、乡村聚落空间的角度对乡村产业进行了重新分类，将其划分为都市农业（以一产为主，派生少量二产、三产）、传统工业（以二产为主）和新兴产业（以三产为主）三类。

2. 乡村（镇）产业类型

（1）产业建设优势分析。乡村产业建设优势分为三种[①]。一为土地交易成本低。建设用地进入市场以后，区位的不同造成了较大的地价差异，较低的产业用地租金成本使产业整体成本即使到了扩张中后期，随着各项基础设施的完善，也具有相当的比较优势。二为国家政策偏好。国家以及地方政策偏好是具有中国特色的产业发展影响因素，在城市建设中发挥着举足轻重的作用。为缓解中心城区压力，政府在城市边缘开设开发区，并利用各种优惠政策吸引外来工业区的产业，大城市近郊区乡村的产业空间在这种政策下快速发展。三为生态资源本底良好。大城市中心区具有人口过密、交通拥挤、绿色空间稀少等问题，在这些问题的共同作用下，为追求更好的工作和居住环境，部分企业以及上班族更倾向于迁往郊区，这类企业以技术密集型制造业和第三产业为主。但是这种由于工作环境主动外迁的企业较少，主要是迫于交易成本压力和政策偏好下的被动外迁。

---

① 潘悦，洪亮平．中西部大城市近郊区"被动城市化"困境突围［J］．城市规划学刊，2013（4）：42-48.

（2）乡村产业建设优势耦合分析。市场在资源配置中起决定性作用，而产业建设优势是左右着市场决定的重大影响因素，结合上述三大产业建设优势，对乡村（镇）产业类型进行细分，形成乡村产业建设优势耦合机制（表2-2）。第一类乡村主导产业为受交易成本优势影响的传统重工业、传统轻工业、创意产业和生态产业；第二类乡村集聚产业为受政策偏好优势影响的设施农业、特色农业和传统重工业等；第二类乡村主导产业为受生态环境条件优势影响的观光农业，以及受政策偏好和生态环境条件双重优势影响的科技产业、创意产业、生态产业和现代服务业。

表 2-2 近郊产业与产业建设优势的耦合

优势类型	都市农业	传统工业	新兴产业
交易成本	—	传统重工业 传统轻工业	创意产业 生态产业
政策偏好	设施农业 特色农业	传统重工业	科技产业 创意产业
生态环境	观光农业	—	生态产业 现代服务业

（3）乡村产业类型。从乡村（镇）产业建设优势分类视角来看，乡村（镇）形成了以交易成本为导向、政策偏好为导向和生态环境为导向的三种产业空间类型，形成了包括设施农业、特色农业、观光农业等在内的都市农业，包括传统轻工业和传统重工业等在内的传统工业，以及包括创意产业、生态产业、科技产业和现代服务业等在内的新兴产业三大产业类型（表2-3）。

表 2-3 近郊区产业类型划分

产业类型	具体细分
都市农业	设施农业、特色农业、观光农业
传统工业	传统轻工业、传统重工业
新兴产业	创意产业、生态产业、科技产业、现代服务业

3. 乡村产业的特征

（1）都市农业的特征。都市农业是指在乡村（镇）等区域利用先进的管理方法和农业科技，为城镇提供日常所需的农产品和休闲观光服务，集社会、经济、生态为一体的现代化农业。随着大城市土地区位价值大幅提升，大城市近郊区的地价也相应提升，传统农业逐步为高附加值的都市农业所替代。其产业类型包括观光农业（依赖自然资源）、设施农业（依赖技术及资金）及特色农业（依赖技术），具体包括种植、养殖、渔业、园艺和林业等内容。都市农业产业空间布局灵活，用地要求相对较低，且具有近郊县区位优势、发展多样化、用地集约化和高度市场化等特点，不仅为大城市提供农产品和休闲、娱乐服务，更重要的是还可以改善城镇的生态环境。然而，都市农业用地长期为制造业所侵占，需要政府部门完善用地保障机制，加强大城市近郊区乡村农林以及生态用地管控。

（2）传统工业的特征。传统工业是指产业革命以来所建立的、目前仍然进行大规模生产的工业部门的总称。近郊区制造业分为轻工业和重工业两大类别，前者是以服装、纺织、食品等行业为代表的劳动密集型产业，后者是以钢铁、汽车、建筑、造船等行业为代表的劳动密集型与资本密集型工业。传统工业具有交通便利、配套设施齐全、土地集约、对周边环境影响较小、布局相对灵活等特点，注重规模经济和范围经济。受"三集中"政策驱动，传统工业区一般以产业园区的形式承载。传统工业在早期社会生产比较落后的时代对城镇经济社会发展具有重要意义。然而，在供给侧结构性改革的大背景下，大城市近郊区乡村（镇）传统工业面临产能过剩、节能减排和高新技术产业挤压等多重压力，迫切需要以创新为驱动，推动大城市近郊区传统工业转型升级。

（3）新兴产业的特征。乡村（镇）新兴产业集聚的地区通常拥有优质的劳动力、密集的教育科研机构，且享有优惠政策，投资环境良好，其空间形式包括科技产业园、生态工业园、现代服务业集聚区、创意产业园等，不同园区类型具有不同的空间特征。由于我国乡村（镇）新兴产业发展目前尚且处于起步阶段，技术经济范式进入新的转换期，在生产网络和创新网络形成的国际环境中，知识和技术成为产业革新的关键要素。乡村（镇）战略性新兴产业发展要与传统比较优势相结合，采取开放式的发展模式，大力实施知识产权战略，同时在创新活动、市场需求创造和中小企业发展等方面需要政府给予支持与引导。

2.1.3　乡村产业发展制约因素分析

1. 城镇化尚未发展到逆城市化阶段

从理论和实践上来看，"逆城市化"源于西方发达国家，且是西方国家城市化趋于饱和时"城市病"和城乡差距发展到一定阶段的产物。截至 2015 年，我国的城镇化水平已经迅速从 1978 年的 18% 上升到了 56.1%；预测到 2035 年中国城镇化率将达到 71%～73%，即进入城镇化发展的平缓阶段；预测到 2050 年将达到 76%～79%。参考"诺索姆曲线"理论，我国城镇化目前尚处于城镇化加速阶段末期，逆城市化条件尚不成熟。

我国很多城镇地区出现了"非转农""劳动力回流"等"逆城市化"现象，诱因主要是城市生活成本增加、城市管理压力增大、社会机制不够健全、农村拆迁征地利益巨大等，这种现象是一种"伪逆城市化"。此外，由于我国尚未发展到逆城市化阶段，缺乏科学合理的规划指导，乡村（镇）仍存在用地不集约、基础设施建设不到位、服务配套不足、生态环境被忽视等现象，乡村产业发展存在产业用地低效、产业空间破碎、产业空间快速扩张以及产业空间协作性不强等问题，这也造成了乡村产业空间建设无序、产业空间与非产业空间的衔接不当，甚至是乡村产业空间贫瘠乃至空心化现象严重等一系列问题[①]。

---

① 徐琛. 我国城市化进程中的逆城市化现象研究［D］. 信阳：信阳师范学院，2015.

2. 乡村空心化现象严重

受长期的城乡二元体制影响，农村空心化现象越来越普遍，主要体现在两个方面：一为伴随农民收入提高和村庄外围建房的"低"成本导致的住宅空心化；二为因城乡预期收入差距带来大量农村劳动力向城市迁移，导致农村人口减少的人口空心化。空心化的实质是农村产业结构失衡引起劳动力流失，导致农村人居环境、精神文化、基础设施和公共服务设施荒废的后果。城市工作机会多、收入高、择业范围广，城乡收入、城乡教育与基础设施存在差距，而本土文化传承缺失这一问题又进一步导致农村劳动力要素流失加速，空心化问题更加严重。

3. 乡村土地利用和管理制度的矛盾

乡村产业发展过程可以概括为两个阶段。第一阶段是乡村工业化阶段，具体表现为以小农耕作为主的一产生产模式向以发展乡镇企业为主的工农业混合模式转变。随着村集体服务功能的丰富，这一过程顺利推进。第二阶段是产业转型阶段，具体表现为中心城区的落后型产业逐渐退出市中心，向城市边缘及大城市近郊区迁移并发展。这一阶段乡村农业与旅游业结合发展，虽然地方政府各部门在这一阶段占据主导地位，却没能有效推进乡村产业转型的完成。

在乡村工业化阶段，企业为追求利益最大化，在乡村地区寻找投资和创业空间。而在乡村地区大面积工业化之后，随着集体土地非正规开发愈演愈烈，规划管理部门开始采取严格的刚性监管手段以阻止建设用地的拓展，从而终止了乡村土地大量开发的进程。

产业转型阶段，在政策限制下，乡村用地开发和规模扩张在一定程度上受限，部分企业逐渐失去竞争力，这也引发了环境压力倒逼产业退二进三的转型问题。早期入驻企业由于其"非正规"的特性，难免在经营状况上出现分化，原有工业企业生产空间被动闲置，且企业发展困境得不到关注，产业升级困难重重。由于村庄区位偏远，村集体为了促成土地交易往往做出不正确判断，集体土地流转的收入完全依靠短期低廉的地租完成。在集体入不敷出、村庄劳动力流失的情况下，村集体整合废弃土地的意愿和能力都不够强。为了弥补城乡差距，政府利用政策和资金为乡村提供各种各样的公共产品，在规划建设领域往往表现为提供乡村规划编制和投资乡村项目建设服务等。但该阶段政府的支农项目供给仍不能满足集体和企业的发展诉求。

在村庄集体土地规模化经营模式下，土地的开发收益一部分以企业税收的形式支付或返还给地方各级政府，另一部分以土地租金的形式支付给村集体，成为村集体经济的重要自主收入来源。村委会作为村民自治组织，既不承担管理责任，也不参与政策制定，是村庄产业用地收益的完全受益人。而地方政府承担了村庄建设的重大责任，同时作为城乡共同体的空间管理者，也是完全的责任人。在上述过程中，企业利益与村集体利益相一致，企业和村集体作为受益人共同推动了集体土地的非正规开发，并成为地方政府监管的对象。而一刀切的土地管理方式在遏制了粗放式乡村土地开发的同时，也削弱了村庄的内生发展动力，受益人和责任人的错位关系进一步引发了村庄土地利用和管理的矛盾。

2.2 乡村产业空间现实困境及分析

2.2.1 乡村产业空间现实困境

1. 城市空间挤压乡村区域

城市化的一个突出表征就是城乡空间关系的变迁。基于空间本源性、稀缺性和社会性特征，城市化进程中的空间改革需要以正义价值为导向，空间正义体现在城乡空间布局、资源配置和代际发展三个平衡点上。然而，我国长期以来的城市化都存在着政府与资本联合的问题，为推进城市增长而忽略乡村空间权益，使得城乡在空间权力赋予、空间资源配置、空间意愿表达和空间环境调和等层面存在非正义行为。非正义行为的累积效应进而导致城区肆意蔓延扩张，侵占农田，破坏乡村生态环境。

2. 城乡用地破碎化，用地矛盾突出

城市近郊区是城市与乡村相交的区域，在城市建设用地扩张的过程中，城市空间结构也发生着极为迅速的变化，存在着土地经营粗放、土地资源浪费严重、农业耕地长期荒废等现象。城市近郊区成为经济发展最迅速、景观变化最显著的地区。近郊区乡村的发展主要是由近郊区相对低廉的土地价格和相对丰富的土地资源所推动的。近郊区乡村土地出让与农业生产所带来收益的巨大差异，也使得该地区成为城镇化意愿最强的地区。大面积农业用地在利益的推动下快速非农化，该过程中仍存在着科学管理缺乏、规划滞后、用地布局分散、用地矛盾突出等问题。

3. 大城市近郊乡镇被动城市化

土地价格直观地反映出了地区资源的经济价值，然而现实体制与制度因素下近郊区资源的区位价值被严重低估，城市中心区和远郊区的地价差变化率较小，近郊区（特别是大城市）地价变动幅度较大。随着城市化快速发展，近郊区资源区位价值凸显，导致不同利益主体在近郊区进行寻租行为。然而，城乡社会管理机制缺失与生态资源环境监管不到位，最终出现近郊区"被动城市化"现象。被动城市化下的乡村空间困境具体如下：

（1）乡镇产业发展低效。乡镇有"自上而下"与"自下而上"两种建设模式，农业、制造业与服务业发展低效是乡镇普遍存在的问题。其中，近郊区农业发展长期处于被动位置，制造业对农业发展空间侵占现象严重。拥有良好区位价值的乡镇提倡传统农业逐渐向高附加值设施农业升级，然而村镇政府和当地居民较少引入规模化、科技化的生产方式，农业产出效益依然较低。制造业一般以产业园区的形式承载，各类园区过于强调自身发展，与农业和服务业脱节，且村镇政府承办的工业园一般以低端制造业为主，规模小，污染问题严重。乡镇服务业分为两类：一是以产业园区为承载形式发展的外来高新产业；二是以发展乡村旅游度假等类型服务业为主，一般由地产商开发，但度假村项目大多变相走向了商业住宅开发。

（2）乡镇开发建设成本急剧上升。市县地方政府"自上而下"的建设模式忽略了村镇政府与当地居民的发展诉求，在缺乏政府有效引导和监管的背景下，村镇居民在近郊区乡村"空隙空间"中的寻租行为造成高昂的土地改造成本，这对城市扩张发展形成了较大阻碍，这也是我国大城市近郊乡村（镇）存在的普遍现象。

（3）社会与生态环境破坏严重。现有建设模式对当地居民的社会生活和近郊区生态环境造成了较大影响。地方政府以经济发展为导向，大量吸引外来产业入园区，并配套建设相关服务设施，该过程中并没有充分考虑当地居民生活与就业的需求。一方面，当地居民仍旧大多围绕园区从事个体经营的"非正式"工作；另一方面，地区只具备提供初级商业服务的能力，但部分地区的开发园区甚至建立了园区独立的教育、医疗等社会服务设施，与当地的基础设施供给能力形成了较大反差。

2.2.2 空间困境分析

1. 政策支撑方面——土地政策城镇倾向

我国土地政策的制定面临多方面的条件约束。首先，人多地少和土地资源稀缺是我国目前的基本国情。为推动城市化快速发展，除了提高土地集约利用，更多地还是靠城市土地扩张的方式来完成。其次，我国在经历农业国向工业国转变的过程中，资本要素已成为重要的稀缺要素。土地作为具有资本属性的特殊资产，在我国城镇化、工业化过程中起到重要作用。在上述稀缺资源条件的限制下，政府在处理城镇与农村的关系时，极易产生对某一方面的单向政策偏好。

在中国，土地政策更偏向于城市的发展。主要体现为土地政策的制定注重对城镇的投入，弱化对农村的投入。从土地要素分配的角度来看，政府通过制定各种政策，使土地要素以低于市场交易的价格流入城市；从土地资本的角度来看，政府偏向于通过各种方式从农村转出资本来增加城市和工业资本积累，而留给农村建设的仅为土地资本的剩余部分；从土地的综合价值来看，政府偏向于通过农地转用充分发挥土地的经济价值，而忽略了农村土地的生态景观和社会综合价值的损失。这种土地政策的城镇倾向根植于我国长期以来偏重于城市发展的总体经济发展战略之中，在城镇化过程中又得到了不断的强化。

2. 规划管控方面——缺乏协同规划、协同治理

在快速城镇化过程中，城市与乡村出现了一系列矛盾和问题。从规划管控的角度予以分析，主要有以下两个方面：

（1）空间管控多以物质空间区划为主，缺乏相关政策的配套保障。《城市规划编制办法》明确规定在市域城镇体系规划中要确定生态环境、土地和水资源、能源、自然和

历史文化遗产等空间管制原则与措施，中心城区要划定禁建区、限建区、适建区和已建区，并制定空间管制措施。城市已经在总体规划和分区规划中，自上而下地完成了空间管制区划，从空间上划定了管制分区。但由于长期以来政策保障与实施机制的缺位，尤其是对非城镇建设区域缺少相关法规的约束、长效机制的建立和原住民生态补偿机制的保障等机制的跟进，空间管控往往流于形式。

（2）空间管控多以导控型规划为主，缺少实施型规划的落实。乡村规划已基本形成了"总—分—控"的法定规划体系，但在建设实施过程中，多"被动"地基于"一书两证"的项目用地管理与落实控规导则的相关要求，而缺少一系列实施型规划的跟进，缺乏精细化的管理平台与举措来协调自上而下的规划管控要求和自下而上的发展意愿。

2.3 乡村产业空间特征与类型

2.3.1 乡村产业空间特征

1. 资源

资源是指人类在自然界中所发现和使用的在一定的技术条件下对人类有用的一切物质。本书将资源分为自然资源与社会经济资源两大类。自然资源属性是天然存在的，其作用与功能是提供人类生产和生活中所需要的物质与能量。社会经济资源属性是由人类后天制造出来的，其作用与功能是提供自然资源无法满足的人类生产和生活中需要的物质与能量，主要包括劳动力、资本、技术以及政策等因素。

2. 乡村自然资源类型

山、水、林、田、湖等是一个相互联结、相互作用、相互演进的生命共同体，也是乡村基底的基本构成要素。乡村区别于城市最基本的资源基底格局就是形成了以山、水、林、田、湖为主线的山水、农林、湿地三大自然资源类型。

3. 乡村社会经济资源类型

社会经济资源是指为了应对需要，满足需求，所有能提供且足以转化为具体服务内涵的客体。乡村有形的社会经济资源包括人力、物力、财力、场地空间等，无形的社会经济资源包括技术、组织、政策、社会关系等。而城市的优势社会经济资源显著集中于劳动力资源、政策资源以及附加的资本资源和技术资源。

在人口方面，乡村面临着劳动力资源大量外流至城市，乡村内中老年劳动力大量剩余且闲置的困顿局面。而乡村都市农业以及劳动密集型传统工业的发展是解决劳动力闲置问题以及促使原地方村镇劳动力回流的乡村活力催化剂。同时，赋闲在家的大量劳动力以村组为单位满足乡村产业正常运作与不断壮大的基层劳动需求，这使得原本被浪费的劳动力通过村组进行组织，最终形成了乡村产业发展的最初劳动力资源。在城乡统筹发展、产业融合发展的大背景下，一系列有关土地、财政等方面的政策开始向乡村倾斜，一大批乡村产业试点工作开始施行。

4. 适应市场需求的大城市近郊乡镇周边产业环境

自然资源禀赋对经济发展的影响早就已经为人们所认知。早期社会发展的过程中，人类生存活动对自然资源的依赖非常强，自然资源禀赋对经济发展产生正效应，这也为社会劳动生产率的提高提供了条件。但随着人们开发支配自然资源的能力越来越强，自然资源禀赋开发后期反而对经济增长产生负效应，地区经济增长会受到自然资源丰裕程度和资源品质的限制，又称为"资源诅咒"。目前我国乡村发展较为落后，其产业建设仍然处于发展初期，以受地区资源禀赋驱动、自下而上的生长为主，逐步形成了围绕单一型农业、旅游业或传统工业生产的产品体系。但部分城镇化进程已经遥遥领先的乡村，为突破"资源诅咒"和适应社会市场需求，逐步形成产品多元化的产业体系，具有以下两大特征。

一为与农业高度互融。目前乡村产业中"农业＋旅游"模式发展得如火如荼，并由单一型农业衍生出了"农业＋工业""农业＋旅游＋工业"等类型。在此基础上通过构建"企业＋农户""合作社＋农户""企业＋合作社＋农户""企业＋合作社＋基地＋农户"等多元主体参与的合作机制，创新"互联网＋"销售平台，拓展产业链，促进乡村产业结构升级。

二为一、二、三产业复合发展。目前，以休闲观光农业、创意农业、会展农业等为代表的融合发展现象在部分乡村已经发展得较为成熟。其中以"地产＋旅游＋农业"的发展模式较为典型，部分乡村已形成一、二、三产业融合发展格局。

5. 乡村产业类型及乡村产业空间景观具有叠加影响

乡村产业是乡村生产空间的主要构成要素，产业发展是促进乡村发展的核心动力。乡村景观包含了乡村地区的生活、生产、生态三个方面的景观，它是村庄聚落景观、产业景观、自然生态景观的综合体，这三个层次景观的整体性结构反映了人与自然的关系。区别于其他景观的关键在于，乡村是以农业为主的产业景观，它具有特有的田园文化与田园生活。目前乡村的经济结构不再是单一的农业发展，逐渐由单一的生产型向多元化的经济形式转变。它以农业产业发展为基础，以自然环境为依托，以乡村景观为主体，以此来促使经济生产与景观相结合，从而形成了生活空间、生产空间以及生态空间融为一体的空间景观格局。

目前，国内对于乡村产业景观的研究较为宏观，针对某种产业类型的景观营造策略方面的论文相对较少。从本质上来说，乡村景观的特色就是乡土特色，不同地域类型和不同主导产业所体现的乡村特色也不尽相同，而且都有其相对应的空间景观塑造原则（表2-4）。从表2-4中可以看出，乡村产业类型与乡村景观是一一对应的关系，乡村产业结构是乡村发展与景观建设的重要物质基础，乡村环境与景观对产业的发展也具有引导作用。因此，以景观建设促进乡村产业的发展，以产业带动乡村产业空间景观的提升，已成为探索乡村地区建设发展的重要思路。

表 2-4   在乡村产业类型下乡村景观的对应关系

乡村产业类型	作用	景观塑造原则
第一产业	生产空间	发展生态农业，农林田园综合发展，保护生态环境和自然风貌良好的基础上发展休闲体验功能
第二产业	加工、生产间，产业园	防止大规模工业基址侵占土地资源，保护生态，建设无污染工业，发挥生产间、温室的参观体验功能
第三产业	服务、旅游	突出乡村传统文化氛围，挖掘当地区域主题特色，促进村容改善，传承乡村文化资源

2.3.2   乡村产业空间类型划分

基于内部资源禀赋与外部市场需求分析，可将乡村产业空间分为以自然资源优势为依托、以社会资源为驱动、以社会市场需求为导向的三种类型。其中，由于人类资本的积累最初是向自然索取，故出现了自然资源优势依托型产业空间。随着人们认识水平的提高，社会制度的不断演进推动社会发展，社会资源驱动型产业空间逐渐成形。为响应国家政策的试点行为和市场驱使的投机行为，市场需求导向型产业空间应运而生。

1. 自然资源优势依托型

根据上文对乡村山水、农林和湿地自然资源的分析，不同的自然资源类型可以衍生出其他产业空间类型，具体如下。

（1）山水资源依托型。因地制宜地将山水资源融入全域旅游发展中，构建乡村旅游及其服务配套的产业空间；借助"乡愁"文化、"健康中国"生活理念，形成地方颐养长寿文化，构建养老综合及其服务配套产业空间；借助山水基底，提档升级，构建近郊高档商务度假及其服务配套产业空间；围绕户外休闲服务产品，构建包括攀登、骑马、游船等的户外休闲及其服务配套产业空间。最终形成集"旅游＋养老＋商务办公＋度假休闲＋户外娱乐"为一体的山水复合型产业空间。

（2）农林资源依托型。依据地方日照、水土特征，培植水果、种植蔬菜、培植鲜花、附加大棚温室等现代农业产品，形成近距离为城市供应新鲜蔬果、鲜花的乡村设施农业空间。设施农业产品可通过精加工，形成可长期储存的密封农副产品，考虑远距离发售。依据本土资源特征属性，培育药草，进而衍生药草种植、采摘、加工以及销售产业，形成医药科教基地。同时，构建附带科研价值的集"种植＋加工＋销售"为一体的药草培植产业链，形成规模药草培植产业空间。

（3）湿地资源依托型。可大量养殖螃蟹、龙虾以及鱼类等水产，通过初加工向城市供应，通过精加工形成耐腐的水产品发售各地，形成集聚的水产养殖、加工、冷链物流及休闲渔业等产业空间。此外，乡村多为淡水湖和水库，水资源污染较少，村（镇）的水源地可以集约发展，形成淡水资源供应产业空间。

2. 社会资源驱动型

目前乡村以社会资源优势发展起来的产业主要分为劳动力驱动型、技术驱动型、资本驱动型以及政策驱动型等。不同的社会资源驱动类型可以衍生出不同的产业空间类型，具体如下。

（1）劳动力驱动型。重点是指大城市近郊乡村（镇）劳动密集型的传统工业，如服装、副食、零部件组装等生产效益比较低的传统工业，目前正面临城市近郊区地租上涨、空心化导致劳动力要素流失、产业结构转型升级等多重压力。

（2）技术驱动型。主要指机械化基本普及的现代农业以及技术密集型传统工业。由于机械化程度比较高，对劳动力的依赖不强，且生产效益较好，在目前村庄空心化比较严重的情况下仍可正常运作，但生产过程中可能伴随着一些污染排放。

（3）资本驱动型。在追求质量的内部改造替代数量的粗放增长的大背景下，城市用地增量受到严格控制，而社会资本推动的旧城更新等工程成本高、周期长、影响因素复杂，驱使投资主体开始将目光投向用地管控相对滞后的乡村（镇）地区，于是一批社会资本驱动的产业，如农家乐、农场、渔场、养老度假等应运而生。

（4）政策驱动型。为缩小城乡差距，近年来政策不断向乡村倾斜，为鼓励乡村产业发展，在用地申请、"两证"审批、政府奖励、资金借贷方面都降低门槛。为实现"乡村振兴"，国家先后提出建设"新农村试点""美丽乡村""特色小镇""田园综合体"等政策，随之诞生了一批以设施补足和风貌提升为主的乡村建筑业，以及其他由"村集体＋政府＋企业"或"村集体＋企业＋第三管理方"等组成的联合开发管理的产业。

总体来看，由于地方发展水平以及政策导向差异，资本与技术的流动偏好不同，在社会资源驱动型乡村产业空间中最具代表性的是劳动力驱动型，它主要指充分盘活乡村存量用地以及激发闲置劳动力的传统空间单元。

3. 市场需求导向型

在社会主义市场经济中，市场在资源配置中起决定性作用，社会市场需求导向型产业的兴起是"市场选择"优胜劣汰的结果，这也是多数乡村企业面临产业结构转型升级瓶颈的根本原因。目前，以社会市场需求为导向发展起来的乡村产业可划分为传统农业转型导向型、传统工业转型导向型、新兴产业需求导向型三种，具体如下。

（1）传统农业转型导向型。传统农业是以家庭为单位，采取的是机械化程度和生产效率较低的、自给自足的生产方式。传统农业借助新兴技术设备、新兴营销平台，实现了企业运营管理体制向现代农业转变的过程，从而提高了农业生产效率。常见的形式即家庭农场、机械农场、设施农场。

（2）传统工业转型导向型。目前传统工业为契合社会可持续发展理念，降低能耗污染，多采取"退二进三"的政策，即高污染、低效益的传统工业向高技术产业转型，以提升企业自身竞争力。

（3）新兴产业需求导向型。随着乡村发展日渐受到重视，一批以现代服务业为主的新兴产业诞生。这种现象一方面是市场资源优化配置的结果，另一方面是城乡产业融合的诉求导向。

总体来看，为适应社会发展，迎合市场需求，在市场需求导向型乡村产业空间类型研究中，最具代表性的为新兴产业需求导向型产业。它一方面促进了一产业与三产业融合，另一方面推动了二产业向三产业升级，由此衍生出新的产业空间类型，即服务配套单元和新兴产业集群单元。

3 农村土地制度与乡村产业空间

3.1 三权分置推进乡村产业空间发展的制度逻辑

3.1.1 三权分置概念

从 1978 年开始的分田到户的实践，到后来逐步形成的家庭联产承包责任制，土地制度的发展逐步打破了原有的农业生产体制不适应社会发展的僵局，为我国的改革开放做出了很大的贡献，同时也极大改善了人民的生活。而随着社会的不断发展，适合家庭联产承包责任制中农村土地集体所有权与土地承包经营权"两权分置"的社会环境也发生了变化。

为了顺应农民保留土地承包权与流转经营权的意愿，自十八届三中全会后，中央一直在尝试进行一次新的农村土地改革，并为此发布了一系列文件。如《关于全面深化农村改革加快推进农业现代化的若干意见》（中发〔2014〕1 号）、《关于引导农村土地经营权有序流转发展农业适度规模经营的意见》（中办发〔2014〕61 号）、《关于加大改革创新力度加快农业现代化建设的若干意见》（中发〔2015〕1 号）等文件。我国在探索如何更好地发挥农村土地经济价值的过程中，逐步明确了实行农村土地所有权、承包权、经营权"三权分置"的改革方向。2016 年 10 月 30 日中共中央办公厅、国务院办公厅发布的《关于完善农村土地所有权承包权经营权分置办法的意见》，具体规定了如何完善所有权、承包权及经营权三者的关系，并提出了确保"三权分置"能够有序实施的任务及相关工作要求。

"三权分置"主要是指将农村土地的集体所有权、土地承包权及土地经营权这三权进行分置，以适应农村发展的实际需要，满足农民意愿。在这个模式下，土地所有权归集体所有是拥有后两项权利的前提。农民拥有的土地承包经营权在土地流转过程中派生出经营权，于是将经营权独立出来，由此形成所有权、承包权、经营权"三权分置"的制度。准确把握农地"三权分置"的内涵必须要明确这三项权利的权能边界。从中央对农村土地改革的政策要求看，"三权分置"应当以落实集体土地所有权、稳定土地承包权以及放活土地经营权为指导方向。集体土地所有权以处分权为核心，主要是监督权利的行使，对不按照土地用途使用土地的不规范行为进行约束。土地承包权以集体组织的成员身份为依托，主要是为了保留农民对自己承包土地的使用和收益职能。土地经营权以实现土地经济效益最大化为目的，其重点作用在于提高土地资源的利用率、增加农民经济收入。

3.1.2　乡村空间耦合发展的动力因素和逻辑机制

3.1.2.1　乡村"产业-空间"耦合发展的动力因素

一般而言，综合的乡村发展理论认为乡村系统内在因素和外援驱动力的共同作用是推动乡村系统发展的关键，乡村系统与外援系统的相互影响和交流，特别是城乡两大系统之间在物质和文化方面的广泛交流，已成为现在乡村发展研究的重要组成。乡村转型发展也同时受到内在因素和外援驱动力的共同作用，内在因素即乡村本身所处的自然条件、资源禀赋、区位条件及其产业基础等，外援驱动力即在我国城镇化快速推进的大背景下国际市场、国内市场、政策环境的变化，包括外来投资的地区倾向、大城市的辐射带动、区域政府的发展政策等。内在因素决定乡村在经济快速增长前农业生产和相关产业的本底状况，外援驱动力使社会产业在城镇与乡村系统间的功能分工愈加广泛和深刻，在促使城乡联系更加紧密的同时，也推动城镇系统和乡村系统在持续的工业化和城镇化进程中转型。

1. 乡村内在动力因素分析

乡村振兴首要的就是解决内生动力不足的问题。增强乡村内生动力成为学界共识。提升乡村内生动力需要农民个体、农民组织和基层组织协同发挥作用。刘合光（2018）探讨了乡村振兴各主体之间的关系，认为村干部、村民、各类智囊等是我国乡村建设的重要参与主体，在乡村振兴战略实施中各有功用。赵光勇（2018）认为乡村振兴战略的顺利推进，需要激活乡村社会内生资源。为此，要"重塑国家与社会的关系"，调整地方行政机构与乡村社会自治的互动模式，激活和培植乡村社会的"米提斯"。乡村振兴战略的实施不能没有农民的参与，如果农民在乡村建设和发展中集体"失语"，会导致乡村振兴成为纸上谈兵。张丙宣（2018）等认为乡村振兴需要通过资源禀赋结构的升级，尤其是乡村内生能力的培育，逐步使得乡村从外生性发展转向内生性发展。为此，必须培育乡村振兴的内生主体，包括新乡贤、技术专家、企业家、创业者等。赵秀玲（2018）认为，乡村人才发展战略是"乡村振兴"的关键也是动力源之所在。其中，县委书记、乡镇干部、村干部、乡贤、志愿者、乡村学校等，是乡村人才发展战略的重中之重。马彦涛（2018）认为，基层干部队伍是乡村振兴的核心，"有文化、懂技术、会经营"的新型职业农民队伍是实现乡村振兴战略的"主力军"，新乡贤是乡村振兴的"润滑剂"，新乡贤可以弥补村委会在乡村治理中存在的失调、失衡、失灵等问题，成为乡村治理平衡的重要力量。但是，单单依靠能人、强人、资本主导乡村建设，不重视提升农民及其组织在乡村建设中的主体作用是行不通的。关于如何发挥乡村振兴中农民的主体作用，学者们普遍强调提高农民组织化程度，提升农民内在组织能力。陈柏峰（2018）强调村级集体经济发展对于乡村振兴战略的作用，主要依靠村社集体内存在的三种组织：党支部、村民委员会和村集体经济组织，其中党支部是村社集体中的领导力量。调动农村社会内在活力应与资源下乡挂起钩来。贺雪峰（2017）提出，国家资源下乡要重点用于提高农民的组织能力。

诚然，广大农民是乡村振兴战略内生能力建设主体，但是乡村振兴战略具有系统性和地域性，要求有一个强有力的协调者和组织者，这决定了单个的农民难以成为乡村振兴的实施主体。乡村自治组织在一定程度上可以看成市场化背景下乡村的自我保护机制，也是实施乡村振兴战略最强有力的政治保障。因此，要激发村党支部活力，健全民主选举、决策、管理、监督等制度，提升村民组织化程度，鼓励村民以组织的形式参与村庄事务治理，同时引入新型农业经营主体等各种外部力量参与村庄治理是至关重要的。霍军亮等（2021）认为农村基层党组织是推进乡村振兴战略的核心力量和重要抓手。当前部分农村基层党组织面临的组织困境、物质困境、文化困境、社会困境等都制约着农村基层党组织整体功能和作用的发挥。因此，当前推进乡村振兴战略的一个重要任务是构建政治与社会效益"全覆盖"的乡村党组织构架体系，变革"一村一支部"的基层党组织架构，破除阻碍城乡融合的"制度篱栅"。

2. 外援驱动力因素分析

除了内部动力外，乡村振兴还必须发挥外部动力的作用。在外部动力中，政府的主导作用体现在规划、协调、引导、战略选择等方面。针对乡村建设中政府部门的大包大揽现象，魏后凯（2017）提出要防止乡村建设变成各地政府之间的政绩工程、面子工程大比拼，克服政府部门各自为政导致的财政资源使用效率低下和浪费的现象。只有通过完善市场机制，充分发挥市场在资源配置中的决定性作用，真正激发主体、激活要素，才能调动各方在乡村振兴过程中的积极性、主动性和创造性，激活农村发展新动能。地方政府公共性职能缺失是农地存续治理陷入困境的最直接影响因素。曾盛聪（2019）认为，在乡村振兴战略推进与实施过程中，要不断完善地方政府对于农地存续治理"政治锦标赛"而非"经济锦标赛"的激励与约束机制，以克服地方政府"偏好替代"的偏颇。

除了政府的作用外，还必须发挥市场主体的作用。吴比（2017）等认为，农村金融应该从构建现代农业经营体系、加大农村生态环境保护与建设的金融要素投入力度、加大文化产品与服务供给、支持农户生产生活贷款等方面支撑乡村振兴工作。李昌平（2017）结合村社内置金融的实践，探讨了乡村振兴中的农村金融供给模式与途径创新。朱泓宇（2018）等认为村社型合作金融组织在扶助小农、实现要素村级联动和鼓励农民创业建设小城镇上有显著优势，农村金融改革工作应该重视基于村社型的资金互助社的发展。詹国辉、张新文（2017）讨论了乡村振兴背景下传统村落的共生发展问题，提出要以政府政策为引导，吸纳社会力量于传统村落的保护队伍中，形成"政府-企业-NPO-文化社团"的多元投入格局。作为"产业兴旺"的具体表现和发展动力，农村企业的发展和壮大是乡村振兴战略实施的关键和重点。马增林（2018）等指出，农村企业理应借助国家的惠农政策，建立科学的决策机制，促进决策管理规范化，建立有效的企业内部财务控制机制，通过规范管理、健全财务和人才管理机制，加强企业文化建设，以强化农村企业的核心竞争力。张怀英（2018）总结了在乡村振兴战略实践中涌现出的合作社领办型、创业平台助推型、美丽乡村引领型、龙头企业带动型、乡贤返乡兴业型五种典型农村创业模式，并在分析了单一模式的局限性后提倡各种模式的叠加组合。

政府行为和市场机制怎样有效衔接也是一个重要问题。一方面政府要加大农业科技、基础设施、财政税收、金融保险、收入保障等方面的政策支持力度。另一方面要发挥市场在资源配置中的决定性作用，释放各类新型农业经营主体的积极性。农村基层政府管理者要遏制不恰当欲望，摒弃短时间内暴富的杂念。面对雄厚的城市工商业大资本，基层政府一定要回归社会理性，不能联合各项资本对农民土地实行掠夺，继而损害农民利益。

3.1.2.2 乡村"产业-空间"发展的实现机制

1. 农村产业化和农村经济发展

随着交通设施的逐渐完备和农村生产力的提高，农业产品也可实现产业化和规模经济效应，提高人均收入水平，为城乡一体化奠定经济基础。农村的城市化过程本质上是农村的传统村落向现代社区演变，使留在乡村的居民逐渐享受到现代城市文明的过程。农村生产效率的提高所带来的城市化，促使农村在就业结构、生活方式、居住条件、价值体系、社会保障等方面都发生较大的改变。

2. 城乡要素流动的需要

城乡之间的要素流动涵盖了贸易、城乡协作、资本投资等领域。城乡贸易以经济分工为基础，实现要素配置，促进城乡经济共同发展。城乡协作与贸易有一定的区别，贸易仅仅是一种市场化平等主体之间的利益交换，而城乡协作是一种经济利益的联合，通过不同组织形态，提高城乡之间的商品、劳务、资金、技术、信息、管理的组织化和集约性程度。资本向农村转移的主要成因是资本的逐利性，农村在劳动成本、资源禀赋、物流成本等方面表现出了优势，原有的城市资本就会转向农村。当城市与农村之间的贸易、协作、投资与接受投资逐渐增多的时候，城乡一体化进程就加速了。

3.2 三权分置制度对农户"宅基地"和"承包地"
资源的优化配置效应

3.2.1 优化配置"宅基地"和"承包地"资源的整体效益

近郊区乡村（镇）因为临近城市，可以更多地享受城市带来的资源要素，因此经济发展水平比欠发达乡村要好很多。从土地流转情况来看，集体经营性建设用地适当向城镇和产业园区集中的方向发展，乡村集体经营性建设用地可采取租赁、入股的方式流转给外来企业，或者以指标置换的方式流转到产业园区（图3-1），以供集中建设使用，从而可以更好地承接城市功能，使乡村产业集聚升级。基于乡村农地空间分布杂乱，结合良好的区位，将整片的承包地拆分为小片区域，将农用地的使用权通过转租的方式流转给市民，打造成市民认领、农民帮助看护的真实版"开心农场"（图3-2）。

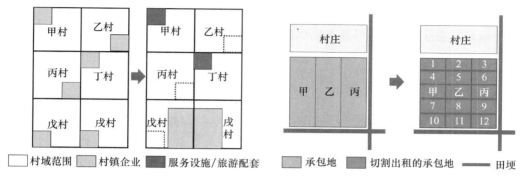

图 3-1　产业向园区集中　　　图 3-2　承包地划小地块出租，开心农场模式

　　乡村空间转型的总体目标是提高土地利用效率。乡村空间不能孤立地来看，要从城乡关系的角度来看，特别是近郊区的村庄，其既是乡村，又是城市的有效延伸，是城市的有机组成部分。这一地区的乡村慢慢地在承担一些城市的职能，从过去的工业生产，到现在的第三产业服务型新农村。这类乡村一般人口较多，从事工、商、文教、行政和其他非农行业的人口比重较大，且为相邻的城镇生产和生活提供配套服务。

　　在三权分置制度实施背景下，优化配置农户个体的"宅基地"和"承包地"，为乡村产业空间发展奠定基础，空间转型主要有以下五个趋势（图3-3）。

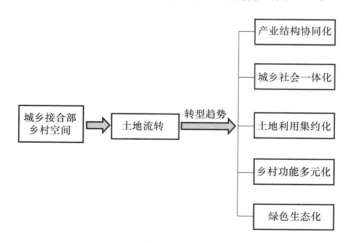

图 3-3　城乡接合部乡村空间转型趋势

3.2.1.1　产业结构协同化

　　经济发展方面，近郊区与城市区应该互利互惠，注重产业协同发展。随着市场的不断拓展和外来资本与技术的进入，乡村集体经营性建设用地向园区集中，原来的劳动密

集型村办企业也将进行升级，变为技术密集型企业，从而更好地承接城市产业。比如，北京大兴区西红门镇的试点改造，该镇的改造首先解决的是产业升级问题，通过乡镇统筹、政府扶持、引入外脑、政策创新、融资渠道创新等多种方式保障了集体产业升级，实现乡村与城市产业结构协同化发展，成功打造了鸿坤金融谷产业园（图 3-4）。

3.2.1.2 城乡社会一体化

土地流转会推进乡村资源要素的集聚，城镇体系也将向网络化方向发展，最终形成城乡区域一体化，且在乡村产业经济良好的区域产生集聚区。随着交通和信息技术的发展，城乡社会之间联系将逐步变为网络化，城乡二元结构将会被城乡之间越来越紧密的联系替代。

3.2.1.3 土地利用集约化

通过乡村集体建设用地的指标置换，可以使土地得到集约化利用，从而提高土地利用效率。随着乡镇企业改制，市场扩大，乡镇工业集聚也越来越明显。乡村工业从零星分布到集聚发展，新的产业区开始出现，过去城乡分隔的现象将不再出现，资源要素得到了跨区域交流和重组，土地利用方式转变为高效的集约化利用，乡村地区通过发展园区经济实现了经济的全面发展。

例如，北京市丰台区卢沟桥乡将原来规划为绿地的 C9 地块与村集体经营性建设用地进行指标置换，从而使土地利用结构得到优化，实现了土地集约化利用。通过指标置换的方式，原本分散在各个村的集体经营性建设用地能够汇聚到位置更好的地区，最终建设了集多功能于一体的，具有国际化元素的城市综合体——金石汇通大厦（图 3-5）。

3.2.1.4 乡村功能多元化

城市功能和土地价值外溢形成乡村发展的驱动力。对农民和集体来说，"钱在门口，地在脚下"，城市是集聚包容的多元综合体。部分乡村产业已经完成了由传统农业向非农产业的转型，并且承接部分城市产业，从而与城市产业功能互动，这是近郊区乡村与其他地区乡村的主要区别。在城乡一体化宏观背景下，土地流转的推进不断促进乡村地区融入城市的产业体系中，乡村功能也更加多元化。乡村不仅为城市提供了都市农业、工业协助体系、休闲服务、市政设施配套、文化创业产业等功能，生态资源保护也成为乡村的主要功能。比如北京通州宋庄的画家村（图 3-6），就是以文化创业产业为主导产业的城市文化功能的重要组成部分。

3.2.1.5 乡村环境生态化

随着村内的集体经营性建设用地流转，部分土地被还原成耕地，这无疑会强化乡村的"绿色园地"功能。为了满足市民对健康和休闲方面的需求，乡村应该恢复乡村的生态功能，打造绿色景观，发展成为供市民休憩娱乐和为城市提供生态涵养功能的绿色园地。

传统农业在近郊区乡村的产业构成中慢慢消失，而且近郊区少有参与农业生产的农民，因此城乡接合部地区的生态建设应该使传统农业转型，发展现代农业。其优势在于可以打造具有特色的品牌农业，还可以根据自身的文化、自然等旅游资源打造多元化的乡村旅游，如打造农业科技园、观光农业园等，为市民提供丰富多彩的活动。比如北京通州潞城国际都市农业科技园区（图3-7），以引入全国农业高等院校及涉农研究机构的科研项目为特色，重点建设现代高端农业，打造世界级的农业科技园。

图 3-4　大兴西红门镇鸿坤金融谷产业园

图 3-5　丰台区卢沟桥乡金石汇通大厦效果

图 3-6　北京通州宋庄的画家村

图 3-7　北京通州潞城国际都市农业科技园区

3.2.2　农村土地流转动力机制研究

广义的农村土地流转涉及使用权的流转和所有权的流转。在我国现有土地制度约束下，农村土地流转实际上分为农业承包用地和农村集体建设用地（包括农户宅基地）流转两大块内容。农业承包用地流转，关键是要做到制度规范和产权明晰；农村集体建设用地流转，其本质是要借助使用权交易优化土地资源的再配置，提高土地资源的使用效率。以武汉为例，农村土地流转动力机制主要来自以下三个方面（图3-8）。

（1）农村土地转化使城镇新增建设用地的增值效益随着城镇化的推进而增强，城市规模的扩张形成了对非农用地的高需求，在现有的耕地保护制度（18亿亩耕地"红线"）下，新增城市建设用地主要来源于对农户宅基地的复耕和整理。在宅基地使用权可交易的前提下（在武汉市农村综合产权交易所涉及的9类交易项目中，明确规定闲置宅基地使用权可交易），农户搬离闲置宅基地，迁入农户定居点中的多层住房，从空间上看，这一举措使土地的容积率大大提高。原宅基地所占土地面积与农户定居点所占土地面积之间的差额就构成了新增建设用地，只要这部分新增建设用地产生的土地增值收入大于农户安置成本和宅基地复垦的成本，就形成了农村土地流转的动力。截至 2020 年湖北省持续土地制度改革，家庭承包耕地 6172.2 万亩 878.2 万户流转 2238 万亩、流转率达 36.3%。而现有的研究也表明，建设用地规模对经济增长有显著的正向作用（喻燕，卢新海，2010）。毫无疑问，在城乡统筹背景下，城市化、工业化与农村土地所有权流转联动将是武汉市经济发展的巨大红利。工业化的发展提供了大量的非农就业机会，新增建设用地的增加又降低了工业化的成本，以此实现了劳动力与土地资源的优化配置。

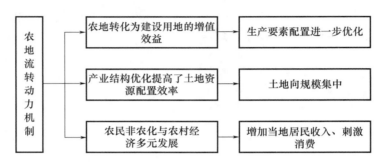

图 3-8　农村土地流转的三大动力影响机制

（2）产业结构优化提高了土地资源配置效率。在城乡统筹背景下，土地资源的优化配置主要体现在两个方面：一是建设用地的规模化；二是农业用地的集约化。2008 年，武汉市工业总产值为 4010.3 亿元，是 1978 年工业总产值的 55.5 倍，年平均增值率为14.9%。其中，轻工业（主要是生产生活资料的行业）产值占全部工业的比重已由1978 年的 47.4% 下降到 2008 年的 24.2%，重工业（主要是生产资料行业）由 1978 年的 52.6% 上升到 2008 年的 75.8%。与此同时，种植业和林业的比重由 1978 年的58.7% 和 0.7% 下降为 2008 年的 56.2% 和 0.6%，而支柱产业和特色产业的产值占到第一产业总产值的 79.2%。随着城市化的推进，武汉市工业结构重型化、规模化的趋势将会更加明显，这势必会增加建设用地的需求。而另一方面，武汉市人均耕地呈持续下降的趋势，2002 年人均耕地仅为 0.76 公顷，已经低于人均耕地 0.8 公顷的警戒线，提高农村土地规模经营水平已成为繁荣农村经济和发展现代农业的客观要求。在城乡统筹的背景下，推进农村土地流转，释放城市建设用地约束，符合"土地向规模集中"的客观经济规律，武汉市工业发展水平和农业综合生产能力都能够得到提高。

（3）农民非农化与农村经济多元发展需要在城乡统筹背景下，农户进城和实现非农就业是农村土地流转的前提。2012 年，武汉市农业户籍外出务工人口 140 万，占武汉市总农业户籍人口的 50% 以上。与此同时，作为中部地区的特大型城市，武汉市对外来流动人口的吸纳能力也逐渐增强。根据武汉市社会科学院的经济数据，1990 年、2001 年、2007 年和 2009 年，武汉市的外来流动人口增幅均超过了 10%，其中 2007 年的增幅超过了 50%。从理论上讲，只要城市务工所得超过农业收入，农户就会向城市迁移。大量农村劳动力向城市迁移使得农地流转成为现实需要，而农业劳动力进入城市也进一步刺激了当地消费，增加了居民的人均收入。因此，积极稳妥地推进农地流转，是未来武汉城市化和发展农村经济的内在要求。

3.2.3　"三权分置"下"宅基地"和"承包地"的流转方式研究

3.2.3.1　"宅基地"与"承包地"流转方式选择的基本原则

农村土地流转遵循依法、自愿、有偿、平等的原则已通过法律规定的形式确定下来，同时还规定土地流转不得改变承包土地的农业用途，不得损害农户和集体经济组织的合法权益。"三权分离"模式更是要求固化农地承包权，使经营权灵活流转。鉴于此，农村土地流转模式的选择还必须坚持一定的原则，包括因主体制宜原则、坚持土地农用原则、兼顾公平与效率原则、因地制宜原则、因时制宜原则。

（1）坚持因主体制宜原则。农户之间的土地流转，对流转条件的要求比较低，根据"三权分置"的要求，农户之间参与土地流转的方式采取出租的形式为最佳。转让会使转出方暂时或永久性地失去土地，这与"固化农村土地承包权"的要求相违背。而出租这种方式，既灵活又能保障农民利益，符合"三权分置"的目标要求。有中介参与的土地流转方式，选择入股、土地信托为最佳，主要适用于人多地少，工业化和城市化水平较高的，第二、三产业发达的地区。这类土地流转方式的风险较大，如若按照"三权分置"的要求，反而不宜过多使用。但新事物面临挑战又是一个必然的过程，在新理念的要求下这类方式的普遍应用也是大势所趋，因此需要法律法规、政策对其加以引导。

（2）坚持土地农用原则。随着我国城镇化进程的加快，国家进行城市建设，不少的农村土地都纳入到了城区规划中，这就直接导致农用土地的减少。在这样的形势下，结合农村土地流转的最终目的即增加农民收入、发展现代化农业、促进农村经济的发展，在进行农村土地流转的时候，应当面向从事生产的个人或单位进行直接交涉。土地的最终用途必须是服务农业生产，在土地流转的各个环节中都应当对该原则进行明确并对流入方的生产行为进行监督。坚持土地农用，可以使不同的生产要素在不同的地区进行流转，进行地区间的优势互补，最终有利于促进农业产业的整体发展。

（3）兼顾公平与效率原则。公平与效率是人类社会经济发展中的一个永恒话题。公平的起点、公平的机会，最具认同价值的即制度的公平性。土地制度设计同样应体现公平性，且公平与效率相统一。允许农民以转包、出租、互换、转让股份合作方式流转土地承包经营的农村土地制度解开了禁止农村土地进入二级市场的禁锢，实现城乡土地一定程度上的平权，但目前仍存在市场机制不健全、相关法制有漏洞等不公平问题，有待进一步解决。

（4）坚持因地制宜原则。我国因自然环境的差异导致地区间资源分布不均，直接导致了各地区农业生产范围的不同。各地区经济发展水平直接影响着农业生产的水平，东部地区人多地少，但经济发达，农业生产条件较好，为农业的机械化和规模化经营提供了很好的硬件条件；西部地区人少，平均耕地面积大，但因特殊的地理环境和气候，农业生产条件差；中部地区的农业生产自然条件较好，耕地面积大，但是经济条件相对东部地区落后。由此看出各地区都存在自己的优缺点，这些因素直接影响着农村土地利用方式和土地的流转方式，选择农村土地流转方式要结合不同地区的优势与劣势，做到因地制宜。在经济较发达的东部地区，由于硬件条件完善，而且农民思想开放、素质较高，适宜选择较为新颖、市场化程度较高的土地流转方式，如入股、信托等方式；在经济欠发达的中西部地区，大部分范围内选择较为初级的流转方式，如出租和转包等方式。但随着农村经济发展，农民思想认识提高，可以逐步向较高阶段的土地流转方式过渡。

（5）坚持因时制宜原则。农村土地流转受到各种因素的制约与相互影响，由于社会客观环境的巨大变化，相应地对土地流转方式的选择也要灵活变通以应对各种变化。从前文对农村土地流转阶段的划分可以看出，由于各个阶段农村土地制度、政策及法律的不同，土地流转方式都大有不同。农村土地流转方式的不断发展，各类新方式的出现均是因时制宜的结果。

3.2.3.2　三权分置背景下不同类型乡村产业空间的"宅-地"资源流转方式

在农村，土地流转主要是由村集体和政府组织进行的大规模流转。从提升经济效益的角度出发，农村大规模土地流转能使土地迅速集中，进而产生规模效益，提升农业、农村整体发展水平。从农户角度出发，农村往往存在强制性流转，农户在土地流转中的主体地位难以得到有效保障，利益受到侵犯的情况比较普遍。大部分农户虽然能够得到比自发流转相对更高的土地流转收益，但也会面临失地又失业的风险，所以对这种大规模的土地流转并不完全持支持态度。

斯科特（Scott）的"生存伦理"认为，支配小农经济行为的主导动机原则是"避免风险、安全第一"。农户选择哪种土地流转方式要考虑多方面的因素。一方面，若把土地流转出去转移到城市，受户籍制度等因素影响，农民可能很难真正转变成市民，而只能成为游离于城乡之间的"两栖人"，造成生活处境尴尬的局面。另一方面，因受教育程度较低，很多农民在快速发展的二、三产业中难以立身，非农就业极不稳定。因此，在缺乏有效的生存保障条件下，农户一般会采取风险规避型行为方式，即更宁愿进行农户间的自发流转，而非进行大规模的土地流转。因此，在现有制度安排下，应更多尊重农户的意愿，让农户自己选择适合他们的土地流转方式。

由于区域差异较大，其对土地流转和规模经营的内在要求会不同，而且每种土地流转方式存在其适应范围，要允许和鼓励多种土地流转形式，尤其是农户自发的土地流转方式。

农村推行大规模土地流转，应尊重农民的意愿，保障农民的利益。目前在全国范围内推行大规模土地流转的条件并不成熟，只有在条件成熟的地区可以逐步加快土地大规模流转，提高土地的使用效率。对此，各级地方政府应在充分尊重农民意愿的基础上，积极采取和制定各种配套措施和支持政策，正确引导和规范农民的土地流转行为，促进土地流转的合理化、规范化和法制化，为解决"三农"问题奠定基础（表3-1）。

表3-1　不同土地流转方式对比表

流转模式	定义	特征	优点	缺点
转包	承包农户将土地流转给本集体经济组织内其他承包农户	土地承包权不发生变化，流转发生在同一集体经济组织内	促使村集体内部生产要素优化配置	流转范围局限
转让	承包农户经发包方同意将承包期内的部分或全部土地承包经营权让渡给第三方	土地承包权发生变化	促使土地流转集中	农户获得一次性收益；流转受让方受限
互换	承包方之间为需要，对属于同一集体经济组织的承包地块进行交换，同时交换土地承包经营权	土地承包权发生变化，流转发生在同一集体经济组织内	操作简单，利于生产	规模化集约水平不高，易引发矛盾
出租	承包农户将所承包的土地全部或部分租赁给本集体经济组织以外的承租方	土地承包权不发生变化	促进农村劳动力转移，增加农民非农收入并享有土地收益	契约稳定性较低，土地承包期受限制
股份合作	承包农户将土地承包经营权量化为股权。入股从事农业合作生产的耕地面积	土地承包权不发生变化，股份合作经营特征	延长土地收益链，促进农村生产要素合理流动和优化组合，提高农业专业化水平	风险较大，需要有一定经济基础，形成一定产业形态的农村地区

　　基于表3-1内容和目前乡村产业空间宅基地和承包地流转的现实情况，本书将乡村产业空间"宅-地"资源流转方式划分为以下三种。

　　1. 基于土地信托为主的乡村产业空间"宅-地"资源流转方式

　　土地信托是一种新的土地流转方式。流转信托是指土地流转信托服务组织受土地承包者的委托，在土地所有权和承包权不变的前提下，按照土地经营权（使用权）市场化要求，通过一定程序，将其土地经营权在一定期限内依法有偿转让给其他个人或单位的行为。设施农业是我国现代农业发展的重要标志，是推动农业科技与传统农业结合、带动农业转型升级的最直接表现形式。农产品加工业连接工农、沟通城乡，行业覆盖面宽，产业关联度高，带动农民就业增收作用强，是产城融合的必然选择，已经成为农业现代化的重要标志，也是国民经济的重要支柱、建设健康中国保障群众营养健康的重要民生产业。由于传统与规模农业单元空间以及设施农业单元空间规模较大，从"村组"组织内部农户租地是不合适的。这种规模化的集体土地经营权以有偿转让的形式，同传统与规模农业单元空间以及设施农业单元空间的特征是较为契合的。

　　其具体做法是按照农户自愿的原则，在保留土地承包权的基础上将土地像银行存款一样存入农村土地信用社，农村土地信用社根据土地的地理位置、肥沃程度、升值潜力等确定级差性的"存地租金"，定期向农民发放。由"储蓄"而集中起来的土地经过农村土地信用社的整理和公开招标竞争，出租给种田大户或乡镇企业进行规模经营，用于办企业、建市场、搞规模化种植和养殖等，这些用地大户要按照所贷土地的质量差异和期限的长短缴纳贷地租金。贷地租金高于农村土地信用社向存地农民支付的"存地租金"。土地存贷租金的差额归村镇集体支配，一部分用于农村土地信用社的日常运营开支，一部分作为集体的公共基金用于村镇的基础设施建设或其他的公益项目开支。

2. 基于土地出租为主的乡村产业空间"宅-地"资源流转方式

土地出租是指承包方将部分或全部土地承包经营权以一定期限租赁给他人从事农业生产经营的土地流转形式。农产品加工单元空间以及农旅产业单元空间需要较大土地空间承载产业生产，且农业景观的展现需要一定的规划辅助，单纯的农业景观无法满足需要，应以土地入股土地流转方式来加强农户与产业的联系。同时，在部分特殊区域，以村组为单位，出租部分用地，单纯用于农产品加工，或者旅游产业发展。出租后原土地承包关系不变，原承包方继续履行原土地承包合同规定的权利和义务。承租方按出租时约定的条件对承包方负责。由于原土地承包关系不变，承租方只交纳租金，不履行原土地承包合同的权利和义务。这种方式主要适合一个或几个地块相连的农户联合进行土地出租，也适合合作经济组织将农户的承包土地反租后，再向外租。

3. 基于土地入股为主的乡村产业空间"宅-地"资源流转方式

土地入股是指实行家庭承包的承包方之间为发展农业经济，将土地承包经营权作为股权，自愿联合从事农业合作生产经营的土地流转形式。其他承包方式的承包方将土地承包经营权量化为股权，入股组成股份公司或者合作社等从事农业生产经营。该方式可细分为以下两种：

① 土地股份制。土地股份制是指在承包期内，承包方将土地承包经营权量化为股权，农民凭股权组成合作社或股份有限公司。合作社或股份有限公司对土地实行招标承包，或对外租赁，或者直接开发，农民按股分红。这种模式按股份合作形式管理，经营利润按股分配，股权可以继承、转让或抵押。

② 土地股份合作制。土地股份制是土地的联合，土地股份合作制是土地的联合加劳动的联合。土地股份合作组织的社员分得的土地股份不具有所有权，只具有分配权即分红权，不能抽资退股，不能转让买卖，不得抵押，持股人寿终所持股权自然消失。分配方式采取按劳分配与按股分配相结合的方式。按劳分配是指承包者的承包经营收入和社员在集体经济组织劳动所得的工资收入。它的主要弊端是农民所拥有的股权只是"虚股"，不能转让、继承、抵押，因为土地股份合作制实行的是人去股消，没有退出权。

3.2.3.3 "三权分置"制度背景下乡村产业空间"宅-地"资源流转方式完善建议

1. 删除转包方式，保留出租方式

如前文所述，转包与出租已无实际意义上的差别，且很多地方在流转实践中已将转包与出租的合同文本合二为一，这也表示转包和出租的相似为社会所认可和接受。出租相对于转包来说，流转的范围更广，其不再对土地流转的相对方进行限制，且操作更加灵活。在现代农村土地流转制度发展的今天，就应当采取更为适宜的土地流转方式，不符合时代发展需求的方式就应当淘汰。"三权分置"更是要求固化土地承包权,"转包"这种叫法就会使人产生流转的是承包权的想法,容易造成误解。因此从注重保护承包人权益的角度出发,法律只需对出租这种方式进行明确详细的规定,不必保留转包这种形式。

2. 禁止反租倒包的同时,培育地区中介服务机构

反租倒包形式虽为法律所明确禁止推行,但由于传统方式的积累和农民思想意识的落后,仍有部分地区还在使用,如果要在短时间内全部清除也不具有现实可能性,只能靠时间的推移来自行地淘汰。以前推行反租倒包,集体经济组织起到了中介的作用,虽然有很大的弊端,但这种中介组织起到的作用又是不可忽视的,也是现在土地流转所必需的。所以以取代集体经济组织,在禁止反租倒包的同时也要注意培育地区中介服务组织,形成有效的农村土地供需信息网络,建立统一规范的土地流转市场,保证土地流转真正按照市场法则进行运作。

3. 建立有限制的转让方式

转让这种方式较为彻底,农民一旦进行转让就会退出原土地承包关系。根据转让期限和转让内容的不同,农民可能会短期性或永久性地失去部分或全部的土地承包经营权。在农民的生存保证和生活来源无法得到保障的前提下,一旦农民将土地承包经营权转让出去,农民则可能将失去生存保障。土地大面积的转让会使大量的无地农民出现,农民失去土地大部分就会涌入城镇,以我国目前的情况来看,这会对城市建设造成巨大的压力。但是土地的承包经营权转让也有其不可替代的优势作用,允许土地承包经营权转让,能使一部分具备转让条件的农民脱离农业生产,这部分人手中的土地将会得到合理的利用。

因此对转让既不能抛弃也不能完全放任,需要加以限制,按照"三权分置"的要求,仅允许农村土地经营权的转让,保留土地承包权的转让是较为合理的。且在转让时直接规定转让的限制条件,如对受让方的土地经营能力和个人综合财力进行限制、对转让方的非农收入来源进行确认、赋予集体经济组织一定的监督权等。在部分农户进行转让时,可以保障本集体经济组织成员优先获得受让权利,这样的限制性规定也有利于避免或减少纠纷的发生。

4. 放宽对入股方式的限定

农村土地的承包权是一种身份权,这种权利需要通过对土地的经营来产生财产性效益。因此,农村土地流转的入股方式仅仅局限于土地经营权的入股。市场经营需要多种主体参与,形成有效的竞争机制,为了形成多元投资主体,必须打破只有农户才能入股的限定,应当允许农业合作组织等组织入股。这样有利于形成人力、物力、财力等要素的结合,促进资源的合理配置和合理流动,也有利于发挥经营规模化的效益。入股最好的方式是建立股份制企业,实现投资主体的多元化,农户以土地的经营权入股后对企业的债务承担有限责任,将生产风险转移到了企业,分散自身的风险。当企业出现经营不

善的情况时，能够最大限度地保障自身的利益。投资主体多元化，多种方式入股后，作为企业就不得不在抵御风险、化解风险上面花费精力。

5. 明确规定土地信托方式

信托这种方式是现代农村经济高效发展的必然要求。在建立信托制度的时候应当结合我国农村当前的实际。土地信托流转方式引入的目的为促进农村土地流转和土地交易市场的建立。结合"三权分置"的要求和我国农村流转的现状，我国法律在引入信托方式并建立信托制度时规定，委托人进行委托的财产应是农村土地经营权这一财产性权利。信托中，农民作为委托方将其信托财产委托给受托方进行占有并处分。除此之外，还应当对信托机构的权利义务进行明确规定。从反租倒包的后果来看，集体经济组织不应当充当委托人来进行土地信托，受托人由具有独立财产、能独立承担民事责任的法人组织来充当比较符合现实。

6. 完善抵押方式的法律规定

《农村土地经营权流转管理办法》规定的农村土地经营权的抵押贷款既符合"三权分置"的要求又符合我国现有的实际。抵押流转农村承包土地虽在以前为法律所明确禁止，但出于农村经济发展的需要，我国在实践中一直没有停止对土地承包经营权抵押的探索。主要原因是允许土地进行抵押融资，能够体现出农村土地经营权的物权性质，能够使农村土地流转更加市场化。进行抵押后还受到担保物权等规定的制约和保护，较为完善的抵押制度也为农村土地经营权的抵押提供了保障。

同时，允许土地经营权抵押对农民来说可能会产生一定的负面影响，如实现抵押权时会使农民失去对土地的经营权。在允许农村土地经营权抵押的同时，应该建立相应制度来防范或者降低其风险。首先要坚持土地农用原则，实现抵押权时不得改变土地用途。其次要建立发包人审批制度，行使抵押权是一种物权处分行为，根据物权法定原则，这种处分必须受到一定的限制。最后要建立优先收回权制度，被实现抵押权而丧失农村土地经营权的农民可以在同等条件下优先收回自己丧失的农村土地经营权。农村土地流转在进行方式上转变的同时需要法律法规及政策进行保障，并通过立法的方式进行规制。现有法律除了对土地流转的方式进行规定外还欠缺一种风险防范机制的设立，虽有法律规定因农村土地承包经营权产生纠纷的可使用协商、调解、仲裁和诉讼的方式，但相比事后的纠纷解决，事前的风险防范更为重要。通过法律的规定建立一整套土地流转程序，是预防风险的一种重要方式。政府对农村土地的流转应当给予一定的财政支持，减少土地流转的成本，这样可以大大地促进土地流转的进行。

3.3 三权分置制度对乡村"产业-空间"的耦合效应

3.3.1 乡村产业与乡村空间的耦合发展

产业与空间一体化有两层含义：产业重构与空间重组。乡村产业与空间一体化模式是产业转型引导下的乡村空间重组模式。当前农村经济的核心问题是产业结构调整，乡村建设应该将产业结构调整的经济问题和空间形态同步考虑。

产业重构对乡村空间载体提出新的空间组织要求。在产业重构的策略指引下，乡村产业格局演变需要新的生产空间、生活空间和公共空间与之对应。在产业重构与空间重组共同作用下的乡村空间形态，是具有经济活力的乡村空间。城郊乡村与其他农村相比，更具有产业重构与空间重组的优势条件，而产业与空间一体化模式的建构，是城郊乡村产业重构策略在乡村空间形态上的实现过程。

3.3.2　乡村产业重构

产业重构指"不断加快转变农业发展方式，加快制造业内部的战略性结构调整，在'互联网＋'框架下将现代服务业作为三产发展重点。乡村产业重构的目标是农村经济的可持续发展，因此，要推动产业融合发展，完善产业创新体系，聚焦产业链条衔接，促进产业集聚发展，构建产业服务体系，完善产业政策环境"。[①] 产业重构研究以政策为导向，以农村农业生产方式转型为契机，从乡村产业普适性的研究方向中探索针对乡村发展的具体策略，驱动生产力要素导入乡村空间，从而激活乡村经济活力。

中国农村长期处于以血缘家庭为基本生产单位的小农经营状态，产业以乡镇企业或集体经济合作组织为代表性的生产经营形式存在。落后的产业形态缺乏规模效益，往往无力应对市场风险。以农户为基本生产单位的组织，更是无法完成产业转型升级的时代任务。产业重构要求对现有的产业结构进行调整，包括简化、优化、改造、重构和创构。农村产业重构是实现农村经济可持续发展的重要途径，需要各行各业的长期协同努力。

3.3.2.1　农村"宅基地"和"承包地"用地配置的基本方向

目前，我国乡村产业结构与国民经济发展要求不相适应，且存在的问题比较突出。首先是农业的基础设施薄弱，农业生产工业化落后，对自然条件的依赖性较大，加上城镇化导致乡村耕地面积逐年减少，劳动力流失，使得农业与农村问题尤为突出。其次是第二、三产业发展不平衡，乡村经济作为城市经济的补充，第二、三产业也受到城市发展的影响，工业与制造业飞速发展的同时，出现了乡镇企业与城市工业发展不平衡的现象，资源、原料、市场、资金分配不均衡，社会资源浪费，或产业设置重复、过剩等现象。最后是产业结构的科技含量有待提高，乡村普遍存在资金、劳动力、信息技术缺乏的问题，农村居民素质有待提高，制约了劳动效率与农民经济收入的提高。

产业结构优化是指为了提高一个国家或地区产业经济的发展水平，从而采取多项措施使得各项产业之间能够实现协调发展。从实质上看，产业结构优化最终要在各产业之间实现资源的优化配置和高效利用，从而拉动国民经济。乡村产业重构要求在对产业格

---

① 陈潇玮，王竹. 城郊乡村产业与空间一体化形态模式研究——以杭州华联村为例［D］. 建筑与文化，2016（12）：117-119.

局简化、优化、改造、重构和创构的过程中达到产业结构优化的目标，需要做到产业结构升级、产业规模合理化与优化产业链这三大方面。

1. 产业结构升级

产业结构升级指加快传统产业升级、强化核心优势资源和发展引进战略性新兴产业，需要提升产业的技术层次，加强产业的关联度，实现区域内一、二、三产的融合发展。可从以下几个方面发展：

（1）加快传统产业升级。乡村传统产业大多是村民根据本土资源特点、气候条件，经过多年耕作经验摸索出来的涉农产业以及与之相关的工商业，由于村民难以提供为其"增产提质"的路径，使得乡村传统产业发展持续低迷。但目前通过大棚温室种植反季蔬果、尼龙地膜增加林果光照、林下家禽养殖、蔬果香精提炼等方式，或提高了蔬果等农产品的产量、色泽光感，或解决了农产品转化储备问题等，在技术与智力支撑下，使传统优势产业实现升级。

（2）强化核心优势资源。核心优势资源是本土产业发展的坚实基础，也是一定区域范围内乡村本土产业发展的核心竞争力。丰富相关产业体系内容，构建更稳定的主题产业结构，围绕核心资源，打造 IP 产业文化，强化市场影响力，会大力推进传统优势产业和二、三产业的融合，强化了核心优势资源。

（3）引进战略性新兴产业。在传统优势与核心资源无特色且不显著的情况下，移花接木式嫁接战略性新兴产业，引进新能源、新材料、信息、环保等产业，会极大程度上调整乡村产业结构。

2. 产业规模合理化

产业规模合理化是指控制各产业数量的增长与比例的协调，使社会资源在各产业之间与产业内部进行资源的优化配置，合理利用有限资源，在规模合理化前提下实现经济增长。目前，由于乡村产业发展缺乏有序引导，各类产业数量比例失衡，某些产品甚至还会有严重的过量或是短缺的情况。投入与产出之间也不协调，不利于一个乡村产业结构的进一步发展。因此，引导各产业规模与比例关系均衡发展，可较大程度地提升乡村产业效率。

3. 优化产业链

优化产业链指增加产业链的科技含量，降低生产成本、提升生产效率，或延长产业链，增加产业的附加值。目前，随着乡村产业机械化程度的提高，产业规模、效率以及质量得到了大力提升，且随着产量提升，高效益相关服务业的更新，可以丰富产业业态，提升经济效益。

3.3.2.2 农村"宅基地"和"承包地"产业重构策略

以浙北城郊乡村为研究对象，基于浙北城郊乡村的地理条件、经济状况和政策背景，围绕中央农业产业政策所指明的方向，通过研究城郊乡村产业重构的基本方向，提出乡村产业重构的若干策略：发展规模农业、发展智慧农业、发展特色农业、农产品品牌化和乡村旅游升级，以及这些产业板块的融合发展。

1. 发展规模农业

规模农业是个相对性的概念，一般指一种农业经营形式，其经营规模由耕地资源条件、农业技术条件、机械装备条件、社会经济条件和政治历史条件的状况来确定。

随着工业化、城镇化进程加快，农村剩余劳动力加速流动及农村土地承包政策不断完善，为适度扩大农业经营规模、有效提高劳动生产率创造了条件。《国务院关于印发"十四五"推进农业农村现代化规划的通知》提出"'十四五'时期是全面建设社会主义现代化国家开局起步的重要时期，是推进农业农村现代化的历史重要窗口期，为此，要加大农业技术装备、劳动力、组织管理等生产要素变革，推动农业生产向规模化、集约化、信息化转变，全面提升农业现代化水平。"

乡村与城市关系密切，乡村农业用地不仅可以作为规模农业的生产用地，同时也可以成为新型农业的示范窗口，更容易获得新型农业经营主体的青睐。同时，城郊乡村容易引入在城市里居住的农业科技人才，城郊农民也更加理解城市文化和现代农业企业文化。加上交通、信息、金融各方面的优势，适度的规模农业在城郊乡村具备更为成熟的条件。如杭州城郊双浦镇西侧沿山区域的乡村项目，为提高区域规模农业的经济效益，将双灵、灵山、湖埠、铜鉴湖、周富及下杨六个村庄共 24 平方公里面积统一进行美丽乡村规划，同时进行农业产业规划，为打造规模农业创造了整体的空间条件。

规模农业经营和其他生产关系一样，由劳动力、土地、资本与现代管理要素一同进行资源配置（图 3-9）。"在规模农业的推动下传统农户分散经营的农业形式开始走向组织化、专业化、集约化、社会化相结合的新经营体系"，规模农业是我国乡村农业经济现代化发展的必经之路，是使农业生产从经济效益和社会效益两方面获得提升的加速剂。

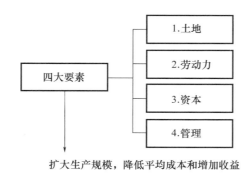

图 3-9　规模农业的四大要素

（1）规模农业的经济效益。规模农业能够有效提高农业劳动生产率，提高单位面积上的土地产出率与农产品商品率。因此通过适度增大生产规模并减少单位产品的平均成本，能够提升单位产品的效益，有效提高农民及农业从业者的收入。但个体农户的土地经营规模对总经济效率、技术效率是有影响的。"适度"指的是各地因不同的自然禀赋条件，推进具有比较优势要素的集约化或专业化生产。

（2）规模农业的社会效益。规模农业扶持了新型农业经营主体如家庭农场、种养大户、农民合作社与农业龙头企业等的成长，体现了其社会效益的广泛性。除此之外，规模农业还帮助培养了新型职业农民，组建了现代农业经营者的高素质队伍，鼓励了工商资本投资现代农业，促进新型经营模式如农商联盟等的发展，还支持规范管理农产品的质量问题，从而推动高产高效创新发展。

2. 发展智慧农业

智慧农业是农业中的智慧经济，或智慧经济形态在农业中的具体表现。智慧农业通过生产领域的智能化、经营领域的差异性以及服务领域的全方位信息服务，推动农业产业链改造升级，以实现农业精细化、高效化与绿色化，保障农产品安全、农业竞争力提升和农业可持续发展。智慧农业是我国农业现代化发展的必然趋势。

智慧农业在我国还处在起步阶段。在乡村产业重构的过程中，有条件的乡村应配合规模农业和特色农业的建设，尽早布局智慧农业。智慧农业应用范围宽广，且随着信息技术的发展不断提升，乡村的智慧农业布局应从提升农业技术装备水平和推进农业信息化建设两个方面入手。

（1）提升农业技术装备水平。乡村应充分运用城市农业科研机构的力量，发挥城市人才集聚优势，积极推广区域性、标准化、高产高效的栽培模式和优质高产、适宜机械化的品种。大力提升农业技术装备水平，推进全程机械化的方式生产主要作物，增进农机农艺的融合，使得基层农业技术的推广网络得以激活并健全。如互联网技术在传统农业生产中的运用，可以通过移动平台或电脑平台对种植大棚内的温度、湿度、光照等条件进行智能控制。

（2）推进农业信息化建设。

乡村产业重构的过程，正是推进农业信息化的过程。在实施农业规模化、集约化建设的过程中，应加强农业生产管理与信息技术、市场流通、经营管理、资源环境等方面不断融合。同时，农业物联网区域试验工程、农业物联网应用、农业智能化和精准化都在持续提升与升级，建设过程还提升了农业综合信息服务能力，推进了农业大数据的应用。鼓励并建立起互联网企业产销衔接的农业服务平台，以此更好地发展涉农电子商务。

智慧农业具有一次性投入大、受益面广和公益性强等特点。政府支持企业参与在乡村实施一批有重大影响的智慧农业应用示范工程和建设一批国家级智慧农业示范基地。与传统农业相比，智慧农业对人才有更高的要求，因此要将职业农民培育纳入国家教育培训发展规划，形成职业农民教育培训体系。

3. 发展特色农业

特色农业是依据整体资源优势及特点，突出地域特色，围绕市场需求，坚持以科技为先导和产业链优化，且高效配置各种生产要素，以某一特定生产对象或生产目的为目标，形成规模适度、特色突出、效益良好和产品具有较强市场竞争力的非均衡农业生产体系。特色农业发展需要强化利用特色资源并优化配置产业链。

（1）强化利用特色资源。"特色资源"是指具地区优势的"特有资源"，这类产品与服务能够为地区经济发展带来竞争优势，并体现历史文化内涵。

特色农业是一种在区域内把特有的农业资源转变为商品的现代农业。它是指区域性产业经历了长期的发展后，在技术、品牌、文化、资源、环境等方面所积累的独到优势，继而产生的具有国际、国内或地区特色的并拥有核心竞争力的涉农产业或产业集群。

近期各地方政府兴起的"特色小镇"建设，灵感来自西方许多著名的小镇案例，如法国的普罗旺斯小镇、美国的格林威治对冲基金小镇、瑞士的达沃斯小镇。它们具有一定的共性，如产业特色鲜明，文化充满地域韵味，绿色生态环境好。特色小镇应争取达到产业"特而强"，特色正是小镇的核心要素，而产业特色更是重中之重。因此，找准、凸显、深化自身的特色是小镇建设的关键，特色小镇对强化利用特色资源、发展区域特色农业具有积极的指导意义。以杭州双浦沿山区域乡村建设为例，特色农业的项目定位、区域周边的景观资源与产业资源相关，规划范围内包含了灵山风景区，北接艺创小镇，东北与云栖小镇接壤，艺创小镇给该区域带来了特有的艺术需求人群以及艺术创作人群，云栖小镇为规划区域提供了智能化技术保障和便捷"互联网＋"服务，灵山风景区为区域范围带来了传统的旅游客户群。

（2）优化配置产业链。特色农业的发展模式为"产业集群"，主要有纵向发展与横向发展两种聚集方式。一是围绕传统或已有的特色产业，聚合上游、中间、下游企业，形成完整的生产链，实现全产业链纵向发展。比如海南的天然橡胶产业分为上、中、下游三个组成部分，上游包括天然橡胶生产企业以及天然橡胶种植加工企业，中游主要是大大小小的橡胶贸易企业，下游主要是涉及天然橡胶消费的橡胶制品业及以汽车行业为代表的终端消费企业。橡胶制品业主要包括轮胎、胶带、胶鞋、医疗器械等产品。二是横向发展，即同类企业、产品通过聚集扩张后，形成具一定规模的生产、销售与管理中心。典型案例如莫干山乡村民宿，承载莫干山生态及历史文化优势，沿袭莫干山乡村避暑度假传统，兼收并蓄中外经营风格，聚集了数以百计各有特色的民宿客栈，最终形成了全国性的市场影响力。

通过产业链的优化配置可以有效降低生产成本，有利于促进特色农业规模发展，提升竞争力。同时相关特色农业的联动发展可增强市场机制，促进企业类型的数量与规模的增加。以浙北地区竹产业结构升级为例，在传统竹产业的生产、加工、销售过程中加入三产联动模式（图3-10），形成新型的现代竹产业，既保留了当地的资源特色，又能带动了地区经济发展。

城郊乡村接近城市活跃市场，在强化利用特色资源和优化配置产业链两方面更具有信息优势和技术优势。偏远乡村及偏远地区的现代农业企业更应该与具有展示效应的城郊乡村结成合作关系，协同发展特色农业。如杭州双浦沿山区域的产业规划以地块北面的艺创小镇为依托，定位为艺创小镇艺术农业板块，在产业规划策略中将视觉、听觉、视听等艺术形式与大地元素相结合，是特色农业、规模农业、智慧农业交织发展的产物（图 3-11）。

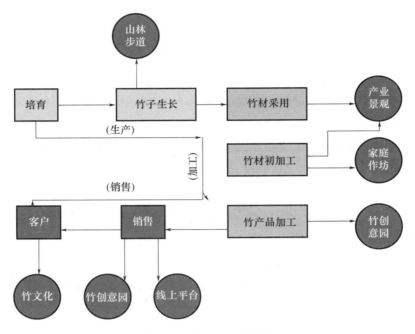

图 3-10　竹产业升级策略

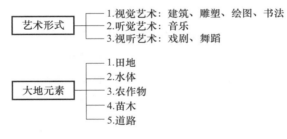

图 3-11　艺术农业产业的规划策略

4. 农产品品牌化

农产品品牌化代表了传统农业已向现代农业开始转变。作为新的经营理念与方式，它不仅在很大程度上提升了我国农产品的品质和市场占有率，并且能使农户直接获得良好效益、促进持久的增收，更是我国农业未来发展的大趋势。

农产品品牌化经营对农业发展有很大的带动作用。农产品品牌化经营通过降低农业企业的成本来实现农业企业利润最大化，通过促进农户增加优质农产品的生产和销售来增加农民收入。

（1）支持工商资本投资。中国是农业大国，我国早已建立起一大批农产品品牌，如蒙牛牛奶、老干妈辣酱、双汇火腿肠等家喻户晓的农产品品牌。这些农产品属于规模农业企业化运营范畴，依赖于现代农业企业的精心运营，取得了良好的经济效益与社会效益。还有一类农产品品牌也是家喻户晓，属于有强烈地方特色的地方农业特产，如阳澄湖大闸蟹、赣南脐橙、金华火腿等，这类农产品品牌名气大，生产企业多，品质保障却不如企业品牌稳定。

即使如此，中国农产品品牌化的程度还是远远不够的，乡村产业重构的过程，同时也是由传统农业向现代农业过渡的过程。鼓励和支持工商资本投资现代农业，促进农商联盟等新型经营模式发展，可以有效地推动农产品品牌化的进程。

（2）确保农产品质量安全。农产品品牌化的目的，是要依靠现代农业企业的规范化建设，实施农业社会化服务支撑工程，培育壮大经营性服务组织。支持科研机构、行业协会、龙头企业和具有资质的经营性服务组织从事农业公益性服务，支持多种类型的新型农业服务主体开展专业化、规模化服务。以加快完善农业标准，加快推行农业标准化生产为基础工作，加强农产品质量安全和农业投入品监管，强化产地安全管理，实行产地准出和市场准入制度，建立全程可追溯、互联共享的农产品质量安全信息平台，健全从农田到餐桌的农产品质量安全全过程监管体系。强化农药和兽药残留超标治理，严格食用农产品添加剂控制标准。开展国家农产品质量安全县创建行动，加强动植物疫病防控能力建设，强化进口农产品质量安全监管，创建优质农产品品牌，支持品牌化营销，确保农产品质量安全。

5. 乡村旅游升级

产业重构的乡村旅游升级包含推进农业、旅游业融合与发展都市休闲农业两个部分。

（1）推进农业、旅游业融合。伴随着乡村旅游业的升级，农业与休闲旅游、健康养生、教育文化等方面都在逐渐融合，形成升级后的现代旅游业，包含商、养、学、闲、情、奇六要素，在农村产业结构中的作用极大（表3-2）。旅游供给侧结构改革的推进，要求旅游从观光旅游向休闲度假转型升级。随着休闲度假时代的到来，旅游业跨界成为行业发展新方向。"旅游＋现代农业＋教育文化＋健康养生"等产业模式均可以不同的面貌在乡村土地上实现。"旅游＋"像"互联网＋"一样，成为各行各业均可融合发展的产业"万金油"，处处能用，处处有用。

表3-2　旅游产业新旧"六要素的比对"

原旅游"六要素" （旅游基本要素）	新旅游"六要素" （旅游发展要素或拓展要素）
吃	商：商务旅游
住	养：养生旅游
行	学：研学旅游
游	闲：休闲旅游
购	情：情感旅游
娱	奇：探索

（2）发展都市休闲农业。发展都市休闲农业可以从观光农业、体验农业、创意农业等业态入手。对于农产品加工业与农业生产性服务业规划应采取积极发展的态度，通过都市休闲产业的兴起来激活农村各资源要素，以此增加农民财产性收入、提高农民生活品质。

除了与旅游业的融合，吸引城市或外地的游客到乡村旅游消费外，乡村更是相邻的城市居民经常光顾的假日休闲场所。相比市区的拥挤嘈杂，城郊乡村的空气、水质、生态环境、人群密度和生活节奏都是有优势的。特别是各种都市现代农业业态，具有强烈的参与性和互动性，能够吸引都市人群频繁地参与其中，甚至成为都市现代农业的个体投资者和建设者。比如当下流行的有机蔬菜自种配送，市区的几户人家承包一块农地，雇用菜农种植无公害蔬菜，小圈子内消费。这是一种城市里不具备的参与性体验，是乡村所特有的都市休闲农业。

由此可见，结合乡村与城市的距离优势，的确可以多角度地切入乡村的产业重构，加速乡村旅游升级，加快城郊乡村一、二、三产业的融合发展。

3.3.2.3 乡村空间重组

本书的乡村空间重组是指由产业重构引起的空间形态的改变，包含新的产业承载空间格局与空间形态类型，由农业用地与建设用地上的生产空间、生活空间、公共空间所组成。产业空间重组体现了产业与空间"适应"与"共生"的交织关系，也是产业结构、社会行为、生态格局共同影响下的空间形态组织方式。

1. 农村"宅基地"和"承包地"空间布局的基本方向

传统的乡村规划设计实践与产业结构是二元状态，乡村规划通常是和政府捆绑在一起的自上而下的行为。在政府下达任务与考核指标后，乡村建设工作者与设计者以任务与指标为导向进行规划设计，经过政府审批通过后乡村建设得到开展。这种乡村建设往往只是在人居环境上得到提升，与乡村的经济活力没有直接关系。其实乡村规划的目的在中央涉农文件中经常被提到，比如《"十四五"推进农业农村现代化规划》中提到"巩固和完善农村基本经营制度，引导小农户进入现代农业发展轨道。"由此可见，乡村规划应该充分理解农村产业状况，加快农村产业改革，才能完成时代赋予的设计目标。

（1）生产空间依据土地性质重组。乡村生产空间的重组与农村土地利用规划密切相关，可根据产业重构策略的需求，在农业用地和建设用地上进行分类研究。

① 农业用地和建设用地上形成不同的生产空间。生产空间在乡村的"田野"空间和"村庄"空间上形成的空间规模与格局不同。农业用地的空间特征显著，面积广，密度低，用地功能较单一，地块边界清晰规整。建筑用地上的生产空间则相反，生产空间用地紧缺，更容易形成高密度、小规模、多混合的生产空间。

生产空间功能由其用地性质决定，因此在空间重组的发展方向上有所区别，农业用地上只能进行农业生产活动与设施用房的建设。随着农业现代化与土地承包经营流转制度的并行发展，经过农业用地面积的整合，生产经营空间得到规模化发展，生产设施空间也随着农村产业转型不断升级。在农业生产效率得到提高的同时，必须分清生产设施用地与建设用地的性质，防止建设行为对农业用地的占用与破坏。

建设用地由村庄建设用地与配套设施用地构成，生产空间主要分布在村庄建设用地内。如有生产空间建设须使用农业用地，应实施城乡建设用地增减挂钩，以保证农村建设用地与耕地面积的总量不减少、质量不降低，使空间用地更加合理。

② 农业用地的多种类型。农业用地上的空间由用地类型决定，耕地包括水田、水浇地与旱地，园地由果园、茶园、其他园地构成，由灌木林地与其他林地组成了林地，天然牧草地、人工牧草地等属于牧草地范畴，而捕养水面则由河流水面、湖泊水面、坑塘水面、滩涂组成。在空间规划上，乡村规划应进行整体风貌的把控。水边的农用地宜利用自然水体，故增加水体与用地空间的接触面；林地等山地丘陵宜结合地形，因山势营造丘陵风貌，坡度小的可规划成团块状或带状空间形态，坡度大的则可采用分级台地式带状组合的平面形态。

人工环境是对产业景观空间结构的优化完善。随着产业规划的植入，农业用地上的人工环境为产业格局与产业链的升级带来新的经济亮点，如景观建筑（花房、博物馆）、牧场、农场观光轨道、花境等产业节点。产业的增长方式与聚集方式也产生了新型空间关系，如产业增长点、产业聚集区、产业带等。

农业用地上的空间建设需要界定与明确用地范围，实行分类分区管理，防止土地违法使用，遵守附属设施用地占用农用地的标准（表3-3）。

表 3-3　我国各类生产设施和附属设施用地科学制定用地标准

分类	说明	用地标准	上限标准
园、林	工厂化作物栽培	附属设施用地规模原则上控制在项目用地规模5%以内	最多不超过 10 亩
耕	规模化种植	附属设施用地规模原则上控制在项目用地规模3%以内	最多不超过 20 亩
牧	规模化畜禽养殖	附属设施用地规模原则上控制在项目用地规模2%以内（其中规模化养牛、养羊的附属设施用地规模比例控制在10%以内）	最多不超过 15 亩
渔	水产养殖	附属设施用地规模原则上控制在项目用地规模7%以内	最多不超过 10 亩
备注	附属设施用地规模应严格控制，省级国土资源和农业部门可结合本地实际情况制定不高于上述规定限额的具体标准		

③ 建设用地上的产住共生。乡村产业空间景观是有机更新、自然生长、人地共生的。以浙北平原水乡为例，受生态环境影响，临水而居成为乡村生产与生活的景观特征，因此浙北乡村平原水网型乡村的理想模式通常是"生态绿廊＋多中心组团"的均值镶嵌模式。

生产活动方式影响乡村空间格局。比如浙北地区的乡村规模一般不大，基于农耕作业对于集体活动的要求，传统农村通常有适宜的居住密度，形成联系紧密的邻里关系。通常每户家庭都有一个院落，院落和建筑占地面积一般为200～270m²的"三分地"或"四分地"，布局紧凑，各户之间通过院墙进行分隔。建筑一般坐北朝南，入户的院门面向街道的一侧开启，形成类鱼骨状的空间结构。

村民的产住方式影响单元住宅的空间形态。产住混合在时空和形式上的分类较为多样，产住的界面分为可调节型、模糊型和明确型三类（表3-4）。产住混合体在乡村以家庭作坊的形式普遍存在。空间单元住宅混合的功能在得到认同之后，在单元、聚落中逐渐"生长"，形成的产住混合功能在聚居空间上由个体到群体增长（图3-12）。

表3-4　混合功能的空间模型及特征

混合格局	时间混合	共享混合	水平混合	垂直混合
混合尺度	建筑单体、街区	建筑单体	街区、地区、城市	单体、街区
混合特征	机理、密度	密度	机理、密度、交织度	机理、密度
界面表征	功能间歇性调节	功能界限模糊	明确的"产-住、住-住、产-产"界面	
单元形态模型	时间性（聚会节日期）住→产	界面 产+住	界面 住 产 路道	住 界面 产 路道

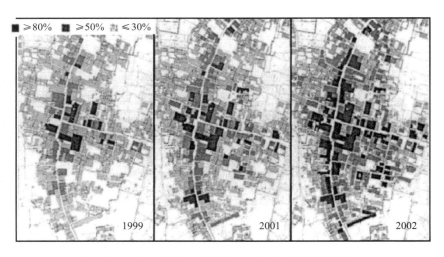

图 3-12　小生产混合功能聚落中产住单元传播与扩展

（2）生活环境按照空间类型整治。生活环境由生活空间与公共空间构成，主要发生在村庄建设用地。依据《浙江省小城镇环境综合整治技术导则》，本书从环境卫生的整治、村庄秩序的整治、村貌整治三个方面入手，对生活空间与公共空间进行整治治理的归纳（表3-5）。

表 3-5 生活环境综合整治分类

空间类型	空间类型治理环境卫生	整治村庄秩序	整治村庄风貌
生活空间	加强地面保洁，保持水体清洁	治理房屋乱建，治理乱拉电线	加强沿街立面整治，推进可再生能源建筑一体化，整治低、小、散行业
公共空间	加强地面保洁，保持水体清洁	治理车道乱占、车乱开、乱摆摊	完善养老设施，提升园林绿化形象，提高管理水平

① 生活空间整治。环境卫生整治包含地面保洁、水体清洁两方面。为加强地面保洁，应首先从梳理村庄道路卫生开始，确保街巷、道路无杂物堆积和无积水现象，配置一定数量的垃圾箱，定时清倒；清理水体垃圾，禁止在水里养动物、洗衣服，维持河道与湖泊的水体清洁。

在村庄秩序方面，房乱建、乱拉线现象是破坏乡村有序空间的主要原因，可在农居拆违的基础上进行居民生活空间的优化设计，清理户外架空线乱拉的现象。

村庄风貌整治工作应与地区建筑风貌结合，如浙江的"浙派民居"建设。在满足乡村居民生活需求的基础上提升建筑文化特色与地区传统建筑风貌，可在居民用房的建筑尺度、色彩、形式、风格与用材上做设计上的协调。立面整治工作可结合背街小巷改造，统筹改善住宅设施、安全设施配套，统一协调雨棚、卷帘门、空调机位、木板门的风格；结合棚户区改造、平改坡工程推进可再生能源建筑一体化；对生活区内生产效率低、违法经营、规模小的分散经济进行整合与驱散，改变环境脏、乱、差局面。

② 公共空间整治。环境卫生治理的空间应对方向有：加强地面保洁，保持集市、农贸区、公园绿地与建筑工地的卫生整洁，配置合理数量的垃圾箱，维持地面与附属设施的整洁；疏通水体，保持水域之间的畅通与水体质量，水体两侧不得设置有污染水体排放的经营空间。

村庄秩序上的空间整治工作包括：禁止各种杂物、设施、垃圾占用村庄道路，取缔公路桥下的违法堆物、违法施工与违建；禁止车乱开、车乱停；集中治理乱摆摊等违法经营活动。

在村庄整体风貌整治上除了与地区建筑风貌结合外，还应完善基础设施配套建设，减少城乡差距；落实祠堂庙宇、亭榭牌坊、戏楼（台）、道路围墙等各类物质文化遗产的保护和修缮措施，推进地域风貌协调整治；提升乡村园林绿化水平，注重庭院绿化与道路绿化结合，以乡土树种为主，植物色彩要考虑与季节搭配，同时考虑植物群落系统的培育。

（3）生态格局遵循保护红线维护。生态保护红线的内涵有以下 3 个方面：一是生态服务保障线，即提供生态调节与文化服务，支撑经济社会发展必需的生态区域；二是人居环境安全屏障线，即保护生态敏感区和脆弱区，维护人居环境安全的基本生态屏障；三是生物多样性维持线，即保护生物多样性，维持关键物种、生态系统与种质资源生存的最小面积。据此，生态保护红线较为全面地保障了生态系统和人居环境的安全。

① 生态服务保障线。生态保护红线即是在系统保护规划等理论的指导下，结合我国环境保护管理工作的实际而提出的重要战略任务。生态保护红线将已建成与未建成的保护地整合为便于管理的生态保护区域，在乡村空间重组工作中，必须对受保护区域的山、水、田、园进行严格的红线把控，不得随意变更地形地貌，且要保持村庄格局，严禁破坏古树、名木。

② 人居环境安全屏障线。在农业用地上，产业升级带来的乡村景观斑块的破碎化和生态环境的破坏，可以通过对景观空间的人工改造，构建人居环境的安全屏障线，与自然环境相协调。对景观斑块破碎化进行修复后，协调的视觉景观生态设计应该是：产业景观空间中，图底关系中的斑块面积不能过小，也不能无限大。

村庄建设用地上，小尺度与紧凑式产业空间布局的形成，遵循了顺应自然、因地制宜的人居环境安全屏障。在传统乡村聚落的形成和塑造中，人力与技术局限了乡村空间格局，人类改变自然景观风貌的能力有限，在乡村更应该顺势而为，因此村落空间往往依随地势或河流、森林而建。

③ 生物多样性维持线。生态源地是整个生态安全格局构建的基础，其准确性和全面性对格局整体构建至关重要。生态源地与其他生态安全格局的稳定，对维持生物多样性起到基础作用。因此，对自然保护区、风景名胜、水体、草原等生态源的保护至关重要。在乡村空间重组的方向中，可借用景观生态学的相关原理对生物多样性进行计量研究，并在此基础上进行空间上形态与格局的规划。

与生物多样性相关的空间主要在农业用地上，在空间功能规划的同时，也需要考虑生物种群的体系种植方法，维持生境的平衡与多样性。在生态保护区，自然生态资源为主的传统优势产业可与乡村的"地理单元"与"聚落单元"空间有机融合，体现"人地共生"的自然法则。自然资源的产业优势直接影响乡村空间的建设行为，如我国南方地区的乡村民居为躲避炎热潮湿的气候，多采用干栏式建筑，材料选用当地的木材或竹子，经济美观的同时也增强建筑的可识别性，还带动当地建筑材料的加工产业发展，使种植业与加工业共同发展。

2. 农村"宅基地"和"承包地"空间重组策略

(1) 提升农业用地规划地位。伴随我国工业化、信息化、城镇化和农业现代化进程，农村劳动力大量转移，农业物质技术装备水平不断提高，农户承包土地的经营权流转明显加快，农业发展适度规模经营已成为必然趋势。

在适度规模农业为主体的前提下，农业用地的利用必须经过严密的规划设计。充分考虑机械化、信息化、区域性标准化和高产高效栽培模式等因素，还必须考虑空间、景观、形态与自然环境的协调。因此必须大幅提升农业用地在乡村规划中的地位，将农业用地的规划设计深化到修建性详细规划深度，重点部分需要深化到高标准农田施工图的设计标准。

农业用地的规划设计应依据土地利用总体规划，实施城乡建设用地增减挂钩，有计划地拆建，促进土地在空间上的调整和互换；缓解农村耕地细碎分耕、集体建设用地粗放浪费等问题，促进耕地保护和节约集约用地；逐步改善农业生产条件，推进城乡统筹，促进农业适度规模经营和农村集体经济发展。

同时还应加强村庄建设用地的管理，明确发展用地的用途，明确各种用地的范围、规模、比例，将农业用地与村庄建设用地统筹规划，确保守住耕地红线。

（2）规划引导推动土地流转。土地是最重要的生产要素，盘活土地才能释放生产力。2014年11月中共中央印发的《关于引导农村土地经营权有序流转发展农业适度规模经营的意见》明确指出："坚持农村土地集体所有权，稳定农户承包权，放活土地经营权，以家庭承包经营为基础，推进家庭经营、集体经营、合作经营、企业经营等多种经营方式共同发展。"

顶层设计政策给出了土地流转极大的灵活度，这激发了农民和企业的积极性，同时打开了乡村空间重组的无限可能性。目前很多地区已经建立了农用土地流转市场，活跃了土地流转的情况，这也一定程度上提高了土地的使用效率。但是大多数流转发生在个体农民之间，现代农业企业想获得适度规模的农业用地，还需要政府牵头编制规划，集中流转分散的个体农户土地，形成适度规模，再通过洽谈或招商的方式流转给企业。

从空间重组的原则出发，政府牵头编制的规划不应该是简单的产业规划，而应该是从既定产业重组策略出发，通盘考虑产业结构、社会效益和生态保护的空间重组规划。企业的利益诉求，不能越过规划限定的底线。只有这样，才能形成产业与空间一体化模式的目标空间，规划引导推动土地流转才能具备应有的意义。

众多新型农业经营主体的出现，解决了"谁来种地"的难题，新型农业社会化服务体系的建立，则让"怎么种好地"有了答案。小麦跨区机收、病虫害统防统治、无人机植保、农业物联网等农业技术的推广应用，使专业的社会化服务组织做好了那些一家一户做不了、做不好的事情，规划引导推动土地流转的同时推动了智慧农业的快速发展。

农民在其承包经营权确权后，可以将土地流转给其他农户，自己进城务工；可以将土地流转给农业企业，自己作为农业工人受聘，在同一片土地上边学习边劳动。农民还可以进行土地承包经营权抵押贷款，实现要素变资本，去流转其他农户的土地，实现自己的适度规模经营。

（3）顺应产业重构策略与布局。产业重构引导下的乡村空间重组，应该基于自身的土地状况和原有产业特征选择合适的产业重构策略，空间重组规划顺应产业重构策略的布局要求。

产业重构首先应该确立产业方向。拥有特色农业资源的地区应该加快推进农业结构调整，强化特色农业布局，推进农业产业链和价值链建设，积极发展农产品加工业和农业生产性服务业，大力推进农产品品牌化。拥有农业旅游资源的地区，应着力于拓展农业多种功能，推进农业与旅游休闲、教育文化、健康养生等产业深度融合。规划阶段即应提出旅游规划理念，明确旅游规划要点，通过规划引导乡村旅游项目合理布局和有序开发，因地制宜地发展观光农业、体验农业、创意农业等新业态。

在空间上产业与空间一体化模式强化了城乡的景观差异。城市的空间形态，源自城市的建设模式，城市建设用地转让 40～70 年的使用权，经建设形成建筑物或道路、公园等空间形态，之后固定的空间形态一直延续直到拆除。与城市不同，乡村的农业用地上没有固定建筑物，适度规模经营的农业耕作，会给"田野"空间带来季节性的"潮汐"景观。还可能出现经营权经常性流转的情况，变换的经营主体随时影响着"田野"空间形态，反映出产业重构影响空间重组的典型现象。顺应产业重构策略布局，建设内在美与外在美兼具的乡村风貌，把城乡二元化形成的城乡差距改变为乡村景观与城市景观优势互补的城乡景观差异。

（4）主体参与空间形态营建。对于乡村人居环境的空间重组，传统乡村规划理论已有成熟系统。本研究不再赘述，仅讨论城郊乡村村民参与空间形态营建的方式问题。

村民的主体角色需要得到关注。在乡村聚落演进过程中，村民一直作为主体角色存在，但主体角色并不等同于主体意识。所谓主体意识就是个人对于自身定位、能力和价值观的一种自觉性。村民是一个群体，因而村民群体的主体意识表现为一种群体自觉性。

从乡村现状来看，村民的自觉性整体还处于相对较低的水平，客观上在乡村营建和治理方面必须依赖政府，主观上将村民自身置于一种跟随者的位置。正因为如此，介入者在思考或操作中较少将村民的主体性置于问题的核心部分。介入者似乎难以建立一套基于村民主体认知的实施方式，但在实践中却可以通过利益共生、加大自主建造力度、发展协同经济等方式，使介入者和村民获得最大限度的一致性，使村民回归主体角色。

现代农业产业体系下的村民，不但拥有在"村庄"空间形态营建的主体参与权，在其土地经营权流转到适度规模经营企业后，村民通过利益共生的方式，同样可以回归到"田野"空间形态营建的主体参与角色。城郊乡村农业用地价值较高，村民集体甚至可以使用土地入股的方式，参与农产品品牌化的价值创造过程，这对于传统小农产业体系下的农民是很难达到的高度。村民通过多方位的主体角色认同，在经济利益和归属感等方面都有较大收获，生活质量稳步提高，也有利于农村社会的安定和谐。

（5）严控生态安全格局底线。"依据生态保护红线内涵，我国的生态安全格局应包括三大部分，一是重要生态功能保护格局，包括保护重要生态功能区，维护生态系统服务功能，支撑社会经济可持续发展；二是人居环境安全格局，即保护生态敏感区和脆弱区，减缓与控制生态灾害，保障人居环境安全；三是生物多样性维系格局，即保护关键物种与生态系统，维持生物多样性，确保生物资源可持续利用。"[①]

生态安全格局是乡村产业重构的底线，同时也是乡村空间重组的底线。乡村规划设计应严格遵循生态安全格局要求，发展生态友好型产业，促进农业可持续发展。

---

① 徐德琳，邹长新，裴文明，等. 基于生态保护红线的生态安全格局构建 [J]. 环境生态学，2019，1（04）：8-14.

3.3.3　乡村"产业-空间"一体化要求

3.3.3.1　"产业-空间"的一体化概念解读

产业与空间一体化即指产业重构与空间重组，通俗来讲就是产业的转型升级与板块集聚。乡村产业与空间一体化模式是产业转型引导下的乡村空间重组模式。当前乡村（镇）经济的核心问题是产业结构调整，乡村（镇）建设应该将产业结构调整的经济问题和空间形态规划同步考虑。

产业重构对乡村空间载体提出新的空间组织要求。在产业重构的策略指引下，乡村产业格局的演变和发展需要新的生产空间、生活空间与公共空间与之对应。在产业重构与空间重组共同作用下的乡村空间形态，是具有经济活力的乡村空间。

欠发达乡村与其他乡村相比，更具有产业重构与空间重组的必要，其产业与空间一体化模式建构是产业重构策略在乡村空间形态上的实现过程。以传统欠发达乡村为例，农业的转型升级需以现代农业为主导产业，乡村旅游为辅助产业，提升优势产业，拓展特色产业，发展外延增效产业，提高优质农产品比重，开拓农业多功能。全面提升农业物质装备水平、农业科技创新水平体制机制新能力。农业的转型升级将导致农业空间的斑块化集聚。在斑块类型尺度上表现为农田面积保持现有水平，破碎程度降低且趋向集聚化。欠发达乡村（镇）通过农业空间的规模化集聚效应助推乡村旅游多样化，提升乡村旅游品质；通过乡村旅游的传导带动机制，拉动对农产品的需求，推动现代农业资源、条件不断完善，提升农业产业集约化发展；构建现代农业与乡村旅游并存、促进、联动的大网，打造有持续增长力、综合带动力、城乡协同性和广泛包容性的多元产业。

3.3.3.2　乡村"产业-空间"一体化要求

1. 乡村各产业单元相互协调

一个地区所有产业的数量与各产业内部具体的生产部门的数量比例，是一项重要指标。比例关系合理，能够实现投入与产出的均衡发展，能够充分发挥产业部门的积极性和生产能力，就能帮助企业实现扩大与增长。乡村产业空间之间协调发展是由产业结构的相关性决定的，农村是多部门的经济综合体，合理的农村产业结构首先应该遵循部门内有机联系的机制，各部门的产业规模和发展水平既需要与当地的自然和经济资源条件相适应，又需要做到部门间彼此协调、相互促进。例如，林业能对其他各生产部门的正常生产提供保护，但这种保护只有当森林覆盖率达到一定比例时才能真正有效。在乡村的产业策略引导下，空间协调的合理局面应该是产业主导空间，多元空间结构融合。在确立主导产业后各相关产业与空间协调发展，现代农村的产业结构已由传统农业为主转向一、二、三产业融合发展，同时出现厂房、市场、合作社等新型的产业空间。对农村各产业之间是否相互协调，可以通过产业需求适应性判断法、市场供求判断法来判断。

2. 产业发展可持续性

社会需求是随着生产力和居民收入水平的提高不断提高的，而农村产业结构也会随着社会需求的变化而出现相应的调整。随着乡村产业结构的升级、主导产业的发展与转型，产业策略引导的空间形态应更加符合产业发展可持续性的要求。如在乡村的产业升级规划中，将产业对接旅游供给侧结构性改革，可以改变不合理、不平衡的旅游供给侧结构，助力乡村旅游产业的升级。农村经济系统是一个复合型的生态经济系统。农业是自然再生产和经济再生产两者相结合的物质生产过程，农村工业空间一般以农业为依托，农村的生产服务业空间通常是为农村工农业服务的，因此农村产业发展对空间的生态环境具有较强的依赖性。

3.3.4 乡村"产业-空间"耦合机制研究

3.3.4.1 "产业-空间"一体化发展的动力机制

适宜的动力机制是以"产业-空间"一体化引导城乡一体化有序发展、绿色建设的根本保证，是制定以产业经济发展提升乡村与城镇平等的对话权力，在空间承载上破除城乡二元格局壁垒策略的基础前提。党的十九大报告对我国社会发展的主要矛盾做了新的解读，欠发达乡村（镇）作为发展不平衡、不充分问题的重灾区，必须在认清城乡一体化发展动力机制、实现城乡"产业-空间"一体化内生性自适应与自调节的基础上，加以宏观调控，最终实现产业要素的流通与土地资源的盘活。

城乡价值评判、经济产业发展、制度体系保障、要素流通体系、空间网络结构等要素组成了城乡"产业-空间"一体化发展的内在关键。[①] 因此，城乡"产业-空间"一体化发展要以城乡等值为核，以产业互动为本，以制度推进为体，以市场融通为器，以要素流动为轴，以集聚扩散为象，以空间网络为纲，各动力元素之间相互影响、相互制约与共生，共同推动城乡一体化的健康和谐发展（图3-13）。其中，城乡等值是城乡一体化发展的核心本质；产业互动是支撑城乡一体化发展的核心动力；制度推进是生产力和经济社会发展的根本保障；市场融通是推动城乡多元要素有序流动，是强化城乡联系的桥梁与纽带；要素流动是城乡能量流动、物质循环和信息传递的基本方式；集聚扩散是最普遍的动力作用形式；空间网络是城乡一体化发展的有形载体。

1. 城乡等值核心

城乡等值核心不是指"取消农村"，而是在制度制定、配套供给等方面做到"均值"，是从权利义务的角度说的，也是从城乡全域三生空间的角度说的。长期以来的城市发展倾向导致城乡失衡的问题越来越突出，如城市摊大饼式的外拓，无视生态生活质量，乡村空心式的衰落等。当下规划应以城乡等值思想作为基本价值取向，乡村振兴作为扶持乡村产业经济发展的重要举措推进乡村产业空间发展。城乡等值思想会成为城乡一体化发展过程中经济社会策略制定的核心思想，是推翻"重城轻乡"固有思想、创造城乡美好人居的新开端。

---

① 张颢瀚. 论都市圈价值导向、城市功能和产业三位一体的转变 [J]. 南京社会科学，2012（2）：1-6.

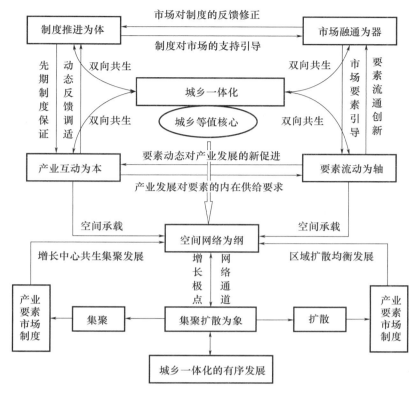

图 3-13 "产业-空间"一体化发展动力机制

2. 制度推进机制

政府对市场经济的宏观调控和对全域空间的规划管理都是以制度为"纲",制度是社会经济发展的根本法则。固有的户籍制度、城乡土地制度、金融制度、社会保障制度、税收制度等都是造成我国城乡二元结构的历史性根源。虽然目前我国在乡村制度方面的改革已经取得了较大成效,但是突然的变革需要以解决广大农民的历史性问题为前提,各地各村试点工作仍旧在进行。因此从统筹城乡发展的角度来看,既要推进发展战略导向下"自上而下"的宏观调控,也要强调市场配置下"自下而上"的制度需求,为有效化解乡村产业根植性特征下的产业发展矛盾与产业空间格局间的冲突提供制度保障。

3. "要素流动-市场融通"机制

要素的流动性决定了空间上资源配置的效率与效益,整体影响着产业经济系统的完整性与秩序性。劳动力、土地以及资本是制约乡村产业发展的三大要素,而乡村产业发展多以实现人口回流、土地整治以及金融改革为措施导向。从问题根本上盘活乡村产业要素、激发内生驱动力、营造城乡建设活力空间,将乡村经济活动由分散走向集聚、从破碎走向整合,最终形成点、线、面构成的完整整体。不断增大的区域辐射带动乡村发展,对社会经济、三生融合等都大有裨益。而市场融通机制是城乡要素、产品等要素流有效投放后，实现人流、物流（货物即资金）、信心流的高效流通。其机制为各要素流高效分工、协同合作、联合运营、互补双赢的一体化产业发展构建了纽带，进而强化了各自的联系，降低了运营成本，统一了市场规则，弱化了潜在风险，最终成为构建健全完善的经贸流通体系、加快城乡产业空间一体化发展的必然选择。

4. 产业互动机制

产业之间是存在合作、竞争、促进以及制约关系的，在当下经济与技术大变革时期，高效的分工与合作、延伸与协作、拓展与融合推动了产业的现代化、信息化以及协同化发展，最终实现了产业的提效增收。其间，伴随着一次次的产业结构转型与升级、产业体系框架完善与丰富、产品替代与更迭，最终形成更高级的产业经济发展体系。产业发展体系作为空间承载的产业空间也会相应地扩容、增量、重组、集聚衍生出新的产业空间，而产业空间的植入又会带动新的生活空间的集聚，构建出新的生态格局。其中产业互动越复杂，空间格局就越多元，在城乡层面上的互动越频繁，双向的良性互动下就引导乡村产业空间布局就越有序，则城乡空间上的界限也就越模糊；反之，故步自封的单极发展或者同质化发展，则会加剧城乡二元结构的形成。

5. "集聚扩散-空间网络"机制

集聚扩散是城乡由不均衡发展走向均衡发展的一个重要过程，它使单一弱势产业空间单元发展成为新的增长极，而后为周围带来中心指向和辐射效应的产业集群。随着其功能的不断强化、体系的不断完善，其对城乡空间格局的影响就越来越深，并能不断提高乡村生产生活水平。

空间网络是高度一体化的最终结果。其以基础要素为"流"，以市场融通体系为平台，以实现产业的多元融合发展为导向，在产业经济影响快速集聚并扩散的过程中，形成聚而不乱、散而有序、聚散有度的城乡网络空间。空间网络不仅能促进城乡资源要素的空间择优分配及其与经济活动主体的优化组合，也实现了乡村健康城镇化、现代化发展的理想状态。

3.3.4.2 乡村"产业-空间"一体化发展的实现机制

1. 一体化分区发展

产业-空间一体化发展是受到建设时序、发展现状等多重因素影响的，一般呈现由城市到乡村逐渐变弱的趋势。因此在指导乡镇产业-空间一体化发展的过程中，要注意分类分区，即分类指导和分区规划。与此同时，突破传统乡镇的行政界线，做到以乡镇产业经济发展为根本大局的去行政化、跨区域发展，最终根据空间类型制定区域产业经济发展战略与实施策略，构建结构完整、开发有序的城乡经济发展联合体。

2. 城乡经济社会制度公正化制订

户籍、就业、土地、财政、金融、基础设施及社会保障等制度体系对现代城乡经济社会发展起到至关重要的作用，也是城乡二元经济社会结构的核心体现。因而，国家需要放开户籍制度，促进就业、社会保障等制度体系的对等发展；相关部门应加快土地确权，逐步推进乡村土地承包权与经营权的分离，为农业的现代化发展提供空间承载。此外，政府应加快乡村金融制度改革，为广大乡村地区发展注入强大的市场动力与资本保障。最后，完善乡村社会性服务设施与工程性基础设施的供给是提高农民生活福祉的基本前提，也是非常重要的一环。

3. 选择性集聚与推进型主导产业梯度选择

聚集与扩散作用不是盲目推动要素流均等分布，而是从城乡基础性的产业先导格局出发，实现产业空间的合理布局与有序建设。一定市场容量下的产业发展，集聚是少而精的，是选择性的，扩散是多而散的，是普遍性的。这也是具有较大前后融合度、关联性的产业有机组织在一起的结果，即推进主导产业梯度分布的结果，在选择主导产业扩大市场竞争的同时，在内部建设梯度分布的非竞争性产业体系，强化城乡的良性互动。

4. 加快农业现代化发展

目前，现代农业为乡镇传统农业机械化、规模化、生态化、智能化转型发展的主推方向。在内外环境一致偏好的大环境下，实现农业发展与市场价值的统一，对普遍的传统农业型乡镇的产业经济转型提供了基础路径。但发展的同时要避免同质化的恶性竞争，要立足于本土资源禀赋与特色，走差异化的农业现代化乡村振兴之路。

5. 培育活化城乡市场主体

市场主体是形成城乡等值价值取向、构建公正制度环境、组织产业融合发展、促进要素流通，并调控区域空间格局的"人"。其要求构建覆盖城乡、政府引导、市场优化、农民主体的融合三产的决策主体、经营主体、运营管理主体等，集力集智地带领城乡共同致富。除此，市场主体还要求完善农业服务体系，加强广大乡村地区市场主体在政策制定、法律咨询、金融资本、信息技术、科技创新以及运营管理方面的服务供给。

3.3.5 乡村产业与乡村空间的耦合发展模式

产业与空间耦合发展模式是以产业重构为导向的乡村空间规划新范式。它基于现代农业发展和农村产业转型的新趋势，在传统乡村规划理论的基础上拓宽了乡村规划涉及的学术范畴，强化了规划对乡村产业结构调整的引导作用。并提出了乡镇产业结构调整与规划学科结合的产业重构策略，提出了产业重构在乡村空间载体上引导空间重组的规划策略，界定了产业与空间耦合发展模式的目标空间，也实现了乡村产业结构调整目标与宜居空间营造目标的同步推进。

3.3.5.1 产业与空间耦合发展模式

本书根据乡村产业与空间耦合发展模式的内涵构建了模式图（图 3-14）。模式由横向三条主线构成，分别阐述产业结构、社会结构和生态结构影响的空间构成途径。纵向分为五个阶段，依次为现状调研、问题分析、产业重构与策略选择、空间重组策略选择和目标空间规划设计。

模型重点阐述了上层主线，即产业结构影响的空间构成途径。不难看出，社会结构和生态结构也影响了空间构成的途径。模型默认遵循传统乡村（镇）规划理论的基本要点，仅列出了对传统乡村（镇）规划理论中本书需要强调的部分。

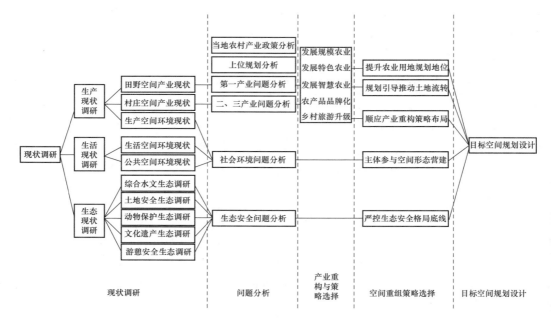

图 3-14 产业与空间耦合发展模式

产业结构主线从"现状调研"阶段开始，其对产业现状分类调研的方式就能反映出与传统乡村规划方式的区别。"产业重构与策略选择"阶段更是专门为产业结构主线增设的研究阶段。由模式图分析可见，产业结构横向主线和产业重构与策略选择纵向阶段交叉区的"产业重构策略"正是研究的重点。其后的"空间重组策略选择"阶段中，前三项策略由产业重构策略引出，是产业重构策略的支持性策略，后两项策略由社会结构横向主线和生态结构横向主线引出，是对产业重构策略必要的限制和补充。

模式图的起点是现状调研，终点为目标空间规划设计。模式图反映了乡村产业与空间耦合发展模式的主体逻辑结构，标明了三生体系中核心因素在空间环境形成过程中的位置。

3.3.5.2 产业与空间耦合模式结构详解

产业与空间耦合关系结构图（图 3-15）反映了产业与空间耦合模式的核心结构，重点由产业重构、空间重组及"活力空间"三大部分组成。图中箭头的指向关系表明："产业重构策略"引导"空间重组策略"形成有经济活力的"活力空间"，这一过程构成了乡村产业与空间耦合发展模式。下文将对产业重构、空间重组及"活力空间"三大部分展开进一步的结构详解（图 3-16）。

1. 产业重构

在产业与空间一体化模式图中，产业重构策略由发展规模农业、发展特色农业、发展智慧农业、农产品品牌化、乡村旅游升级等具体策略组合构成。基于前文对乡村产业融合升级的分析，产业重构阐述了多业态融合如何驱动产业要素流通，并将资本、劳动力等有组织地加入既定土地，激活乡村经济活力的内在机制。

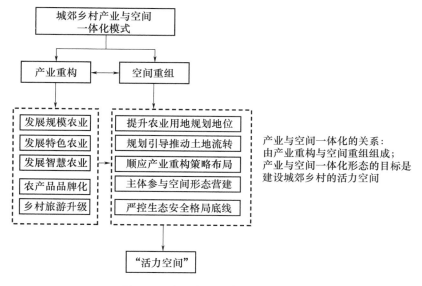

图 3-15　产业与空间耦合关系结构

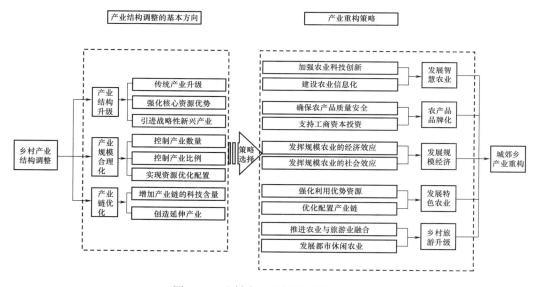

图 3-16　乡村产业重构的结构详解图

由乡村产业重构的结构详解图中可见：乡村产业结构调整有三个基本方向，分别是产业结构升级、产业规模合理化及产业链优化。由此，延伸出八项产业结构调整措施，分别是传统产业升级、强化核心资源优势、引进战略性新兴产业、控制产业数量、控制产业比例、实现资源优化配置、增加产业链的科技含量及创造延伸产业。其在与国家农村产业政策对接后，应从规划学科的视角判断产业措施与乡村空间结合的可行性，以及不同类型乡村政策落地的可能性，并从国家支持的产业政策中选取十项策略选择，分别是加强农业科技创新、建设农业信息化、确保农产品质量安全、支持工商资本投资、发挥规模农业的经济效应、发挥规模农业的社会效应、强化利用优势资源、优化配置产业链、推进农业与旅游业融合及发展都市休闲农业。除此，还应该结合规划学科的分类方法归纳成五项产业重构策略，供不同类型城郊乡村选择使用。

产业重构策略的形成需要因地区、因对象进行考量、归纳与选择，并非一蹴而就、也不具有普适性。在同一片行政区域产业重构策略可以选择使用，在不同地理条件、经济状况和政策背景的区域，可能会形成完全不同的产业重构策略。

2. 空间重组

针对上述产业重构提出的产业要素优化配置策略是经过地理条件、经济状况和政策背景选择的结果。换言之，产业重构策略一经确定，必然适用于指定行政区域。在此前提下，空间重组就是根据具体项目的用地状况及产业发展条件，选择并使用相应的产业重构策略，综合考虑社会结构条件及生态结构条件影响，制定出合宜空间规划策略的过程。在严控生态安全格局底线、保护产业的生态结构与乡村景观的同时，也应该重视引导产业空间结构调整，实现生产、生活、生态空间的重组。

空间重组选择产业重构策略的首要因素是具体用地状况（图3-17）。产业重构策略对用地有明确的对应性，比如规模农业不可能在村庄建设用地上实施，有些坡度较大的山地地形也不适用。因此，细分农村土地性质类型和农业用地的详细用途，提升农业用地规划地位，是做好空间重组的基本前提（图3-18）。

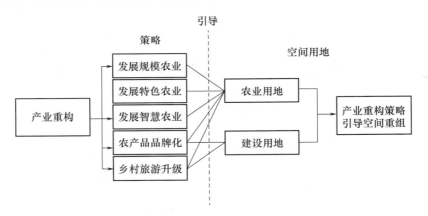

图 3-17　产业重构与产业用地关系结构图

很多城郊乡村紧邻城市市区，用地状况适合规模农业。村民进城打工，耕地荒芜或违章占用，生态环境破败，现代农业企业有意介入却苦于无门。这种情况下如果政府牵头做产业与空间一体化规划，向村民和企业展示美丽乡村的活力空间，将能够有效推动土地经营权流转，促进农村土地的集约高效利用。

空间重组策略的选择受到乡村的产业结构、社会结构和生态结构的共同影响。在产业结构方面，有些区域拥有历史悠久的传统特色农业资源及完整的配套产业链，例如杭州西湖区龙坞茶镇及其龙井茶产业链，此时强化特色农业和农产品品牌化就成为很好的选择。在社会结构方面，不仅要从乡村建设的途径改善乡村人居环境，而且要从农村社会学视角观察劳动力回流、农民返乡等现象，增强村民的主体意识，增加村民参与家乡建设的机会，创造工作岗位以增加村民可支配收入。在生态结构方面，严控生态安全格局底线，要求产业的生态结构与乡村景观生态特征相融合，达到综合安全格局与底线安全格局。具体包含综合水安全格局、综合土地安全格局、生态保护安全格局、文化遗产安全格局、游憩安全格局等。

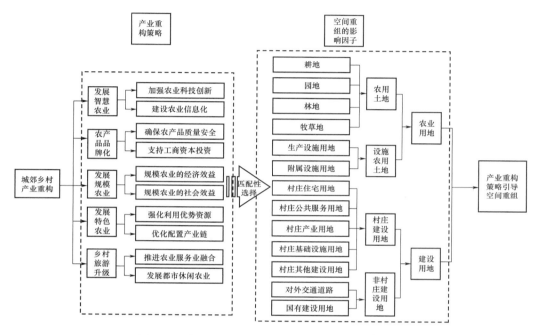

图 3-18　产业重构策略引导空间重组的结构详解图

3."活力空间"

乡村产业与空间耦合发展模式的目标是营建富有活力的乡村空间形态，以促进农民增收、发展乡村经济、改善"村庄"空间的人居环境现状为基本目标，进一步提升乡村"田野"空间的生态环境与产业景观。

乡村产业与空间耦合发展模式的目标空间是建立在乡村经济发展下的"活力空间"之上，其空间本质是产业结构、社会生活与生态格局的共同载体，是乡村经过产业与空间异质同构后实现的目标空间。

3.3.6　乡村产业与乡村空间的耦合模式设计

3.3.6.1　模式设计的总体要求

1. 多业融合是推进乡村产业与空间耦合的有效途径

多业融合以产业经济效益的最大化为基点，以产业经济要素的优化配置为策略，最终实现乡镇产业重组、倒逼空间重构，助推乡村产业与空间耦合。其主要举措包括：一是通过重点推动土地三权分置和集体资产权利改革的措施，进一步完善用地政策，深化农村金融体制、优化配套政策予以保障。二是整体推进各类经营主体快速发展，鼓励第一产业中的新型农业经营主体积极发展农产品加工和流通服务业，不断壮大自己。三是开展涉农企业和农民的技能培训，提高他们的产业融合能力，以及建立适合多业融合发展的利益协调机制，保障农民和经营组织能够公平分享多业融合中的红利。四是鼓励农民出资或以土地出租的方式入股，建立股份合作社，让农民直接获得经营农业下游产业的收益。鼓励工商企业（资本）在农业产业融合中进入适宜领域，与农民建立利益共同体和共赢机制，实现多业融合全要素层面的改革突破，为多业融合扫清障碍。五是倒逼产业经济壮大下的空间提升与自身承载能力，在坚守生态、粮食安全底线的基础上，积极推进土地整治流转，创新土地利用以及开发方式，为传统农业向现代规模农业转变、新兴融合产业空间单元的落地提供空间承载。

2. 产业与空间耦合发展是保障多业融合的基础

产业与空间的耦合关系是产业融合策略助推产业经济发展、实现空间重构的首要前提。该前提下产业作为产业要素（资源类型特征与转换力、需求）的集成，空间作为空间格局（区位、山水田地格局）的表征，成为多业融合实现资源产业化、产业实体化的实体抓手。因此"产业-空间"成为多业融合稳抓的关键要素，且是实现产业要素资源合理优化配置、彰显功能、明确产业经济空间职能定位、实现"要素-产业-空间-功能"耦合协调发展的基础。产业-空间一体化下，将地方产业要素比较优势发挥到最大、地方职能强化到最大的多业融合体系及产业空间模式是乡村多业融合研究的核心内容。

3.3.6.2 产业要素耦合发展的核心因子

我国经济处在不断由生产制约型向需求制约型转变的过程，消费对生产的制约作用日益显著。因此，扩大需求、迎合需求成为促进经济发展的重要导向。一方面要继续扩大出口需求，另一方面也绝不能放松扩大内部需求。乡村（镇）产业发展基础弱、底子薄，大多靠核心资源起步。基于此，其多业融合下的产业结构转型升级路径也有别于其他普通乡村（镇），主要包括三种：资源不足型选择挖潜资源，资源枯竭型转型选择发展新资源（发展战略性新兴产业等），资源无特色型选择扩大资源产业经济效益。整体从迎合外在市场需求和发挥内在资源优势两个方向探索欠发达乡镇产业经济转型的路径。

基于此，本书将影响乡村（镇）产业经济发展的产业要素分为两类：供需推动力与资源转化力。其中，供需推动力反映市场供需关系，资源转化力映射资源类型特征主导的产业结构转型升级发展的方向选择。

在该产业要素划分模式下，与多业融合体系模式选择直接相关的要素是资源的类型特征，即乡村（镇）"靠山吃山、靠水吃水"的产业集群且同质发展的特征，但在无市场需求下的多业融合是购买力后劲不足的。因此，本书将两大产业要素中的供需推动力列为多业融合体系实体化构建的第一要素，而资源转化力居于其后。

在此逻辑关系下实现产业要素耦合的情景可划分为四种：一是供需推动力弱-资源转化力弱，产业发展囿徒困境无法突破，仍旧只能发展传统农业；二是供需推动力弱-资源转化力强，资源型欠发达乡镇重在发挥资源优势，发展特色产业，突破市场需求小的产业发展瓶颈；三是供需推动力强-资源转化力弱，区位优势明显，适宜发展互补性配套产业，满足城镇需求；四是供需推动力强-资源转化力强，该模式与欠发达乡村（镇）主体悖论，其产业经济发展强调资源利用与产业效益的最大化。

3.3.6.3 空间要素——耦合发展的基础因子

"产业-空间"耦合下的产业要素——供需推动力和资源转化力，在空间上也会形成相应的映射。其中，反映市场需求的关键要素就是区位。一方面，长期以来受城市"中心论"影响，需求的增长潜力主要来自城市，需求最大的区位即靠近城市区域或到达城市较为便宜的区域。此外，受城市地租成本的巨大压力，近郊区或者通城道路沿线成为城市配套产业外溢空间的主要承载地。最后，受城市规模限制，区位较好的地区会成为生活、生产、劳动力的集中承载空间首选。要素在区位上聚集必然带来大量的需求，资本的聚集最终形成新的独立的经济增长极。而资源转化力是山水田地资源类型在空间上的布局（空间格局），从要素层面分析，其需求受到资金、人口等流动要素的控制。资源转化力与山水田地等非流动要素直接相关，依托地方山水资源发展旅游，田地资源发展现代农业已经成为一种范式，但受"一产＜二产＜三产"的经济效益差异影响，其资源产品化转换的难度也存在巨大差异。

综上所述，本书将影响乡村（镇）产业经济发展的空间要素分为两类，即地理区位与空间格局。前者强调产业空间与城区或与通城道路的关联度，后者强调山水田地等资源的空间机理。

在上述空间要素中，产业要素同样存在先后的内在逻辑，区位反映需求，受交通成本和购买力影响较产业资源类型更具有吸引力。此外，不同区位下的产业资源并没有较大差异，即地理区位第一位，空间格局居其后，该情形下的要素耦合同样会形成多种类型，但整体来看仅反映区位好或区位差导致的不同产业存活率高低的差别。

3.3.7 乡村产业空间"外溢效应"研究

3.3.7.1 推动乡村产业空间结构重组

1. 乡村产业结构优化升级

调结构、转方式是经济发展到一定阶段的必然要求，乡村需要按照"精一强二大三"的思路，强化结构调整对经济转型的产业支撑作用，坚持提高质量与扩大总量并重，调整产业结构与转变增长方式并举，全力打造现代产业新体系，实现有质量、有效益的可持续发展。

（1）做精一产，提升农业经济效益。健全和完善农业扶持政策机制，提高农业补贴标准。鼓励支持与农业高校加强联系，开发引进现代农业生产技术，提高农业和农产品科学技术含量。大力发展观赏花卉、生态养殖等高效农业，培育壮大农产品知名品牌，提升农业附加值。优化农业发展格局，实现精品农业向工厂化生产延伸和服务业的拓展。

（2）做强二产，推动工业转型升级。强化新兴支柱产业支撑。推动现有产业链上伸下延，提升产业能级和聚集度。引导企业加强管理、加快技改，促进传统产业向价值链高端的升级。引导有条件的企业，采取联合、兼并、出租、出售等方式，实施"腾笼换鸟"，发展生物医药、高端印刷、装备制造等战略性新兴产业。

强化招商引资后劲支撑。发挥各类商会、协会和招商机构的作用，千方百计深挖项目信息源。依托现有企业实行以商招商，动员大企业把上下游的关联企业引进来，形成"引进一个、带来一批"的联动效应。要创新招商引资的方式方法，探索平台招商、基金招商、网络招商等新形式，增强发展后劲。

强化科技创新动力支撑。要深入实施创新驱动发展战略，引进项目就要瞄准科技含量高、发展潜力大的目标，重点引进战略性新兴产业、高新技术企业，特别是拥有核心技术的企业。鼓励现有企业加大研发投入，实施技术改造，培养建立自己的研发机构和研发团队，打造更多专、精、特、新产品。

（3）做大三产，壮大服务业发展规模。改造提升传统服务业。以扩大总量、优化内部结构为原则，强化对批发零售、餐饮住宿等传统服务业的改造提升，大力发展金融科技、电子商务、物流信息等现代服务业，实现产业层次由低端化向高端化转变，与此同时，发展方向也由单一向多元融合转变。

大力发展现代服务业。依托高新技术产业的发展，加快金融创新，发展建立多层次企业融资服务体系。大力发展科技信息服务业，推进企业信息化应用，提升服务业水平。加强对物流园区的整合和改造，统筹搭建物流信息综合服务平台，发展规模化、专业化、信息化的智慧物流园区。

努力构建高端服务业。依托工业优势和城市开发建设，大力发展高端现代服务业，在科技、互联网、电子商务、文化创意和新兴业态上下功夫，改造提升传统服务业，壮大楼宇经济、总部经济，积极培育新的服务业增长点，实现制造业和服务业互为支撑、互相促进、相得益彰的发展格局。

2. 乡村（镇）产业空间结构重组

（1）制定重组政策。乡村（镇）企业分布分散的原因包括：①发展用地成本较低。村办企业属集体企业，建设用地不用支付土地使用费，其他建设费用也微乎其微。②劳动力成本低。企业劳动力为本村或邻近村庄居民，工作在企业，吃住在家，企业可以省去职工食宿方面的投资。③人际关系较好。④接近原材料产地。因此，乡村（镇）企业（村办企业）不会主动迁往城镇，这就要求地方政府及时制定乡镇企业空间重组政策，实施政策导向措施。如采用"滚地法"将每一个行政村的土地从边缘村庄逐步滚动到城镇所在地的工业园区，使每个行政村在工业园区都有与本村划出土地面积相当的地块。除此，还可以采取如下措施：在城镇工业园区内办企业可在3~5年内免交或少交一定的税费，地方政府要加强城镇基础设施建设，尤其是现代信息设施建设，为企业提供宽松的融资环境，提供更多更好的服务，最终使迁入工业园区的企业真正感受到规模集聚所带来的多种效益。同时，对分散布局的企业要严加管理，对"三废"排放超标企业坚决实施"关、停、并、转"政策。

（2）建构企业族群。产业族群理论是指在某一特定领域内相互联系的、在地理位置上集中的企业和机构的集合，族群包括一批对竞争起重要作用、相互联系的产业和其他实体，例如，零部件、机器和服务等专业化投入的供应商和专业化基础设施的提供者。族群通常还延伸到销售、研发以及教育培训等机构。其间通过信任和承诺进行协作，由协作产生互动互利行为，有利于技能、信息、诀窍和新思想在族群内部传播和应用，从而获得一种集聚竞争的优势和集群经济的效果。

由此可以看出，产业族群不仅有利于推动乡村（镇）企业内部改革，开发新产品，促进企业产业能级的不断升级，也能使乡镇企业共享道路、供电、供水、排水、通信等城镇公共设施，减少交通通信费用，节约交易费用等，降低生产成本，增强产品的市场竞争能力，同时扩大市场规模，带动相关三产快速发展，不断完善社会化服务体系，使企业享有更多、更好的服务。企业应推出地区产品品牌，扩大产品市场占有率，继而进一步推动乡镇企业发展。同时，产业簇群还可以使"市场＋公司（乡镇企业）＋农户"这一农业产业化模式顺利推行，适时解决"三农"问题，以便及时转移农村剩余劳动力，减轻其对生态环境带来的压力。

（3）实施空间重组。实施乡村（镇）企业空间重组主要是根据比较优势，形成乡镇企业簇群，构建空间增长极。1950年佩鲁（F. Per-roux）提出"增长极化及其效应原理"；1957年缪尔达尔（G. Myrdal）探讨了其中的极化和扩散效应，提出"循环累积因果原理"。在此基础上，赫希曼（A. D. Hirstchman）进一步提出了"极化效应"与"涓滴效应"，这样增长极便具有"推动"与"空间集聚"意义上的增长。非均衡增长理论认为，"只要总的发展水平低，市场力量的自然作用在任何时候都将增加国内和国际不平等"，要促进落后地区发展，必须依赖于强有力的政府干预和周密的经济发展计划，如在落后地区建立增长极，培养自我发展能力，然后利用市场力量实现这些地区的积累增长。

因此，为了增强乡村（镇）的经济实力，必须选择一些区位条件优越、原有基础较好、生态环境容量较大的城镇优先发展，构建专业化企业群落或地方特色企业群落，形成新的增长极，然后带动或促进区位条件较差地区的发展，最终达到全面发展之目的。选择重点城镇进行重点建设成为乡村（镇）可持续发展的关键，也是乡村（镇）企业空间重组的主要内容。选择重点乡村进行重点建设，应特别注意乡村企业的改迁、改造，特别是分散在各乡村（镇）的有市场开拓前景的乡镇企业项目，要相对集中布局。同时，要运用优惠政策、法规约束、股份制改造等措施引导乡镇企业进入重点小城镇的工业园区。工业园区要科学选址、科学规划，使其能够在短时期内形成一定规模，使原有乡镇企业得到改造，促进小城镇经济实力进一步增强，使地方社会经济环境协调持续发展。同时，依据县乡（镇）域自然资源优势，合理组织产业空间模式。

3.3.7.2 多元化乡村产业的外溢效应

1. 直接外溢效应

（1）人员流动。"三权分置"背景下，"产业-空间"一体化过程中的人员流动会直接带动创新外溢，劳动人员是技术的直接使用者和知识的掌握者，所以人员流动是创新外溢效应的直接路径和主要途径。通过员工正常的离职和加入新的企业或其他创新组织，创新性的新工艺、新产品和创新的管理理念外溢到产、学、研协同创新的外部组织中，是创新外溢最直接的途径。在自由市场中，人员流动限制较少，无论参与产、学、研协同创新的高层次人员还是底层人员都可以加入其他公司，并且将掌握的知识和技术用于公司新产品开发或工艺改进，掌握更深层次技术或知识的人员所引起的创新外溢效应更大。人员流动带动的是技术流动、知识流动、经验流动、信息流动，这个过程大大加速了专业知识的外溢效应。一般认为，人员流动带动的创新外溢效应是从高技术组织向低技术组织转移，在乡村产业发展过程中，频繁的人员流动是外溢效应的直接表现。

（2）知识链合作。将产业类型和技术特性不一致的乡镇村落空间连接在一起，成为知识重组再创新链条上的一个重要组成部分，知识链合作是创新外溢效应的直接途径。知识链是指在知识创新、知识传播和知识应用过程中各参与方组成的关系链条，通过各参与方的努力，新知识可以由此传递到一般产品生产企业和使用者手中。知识链合作模式最重要的一点就是需要各方分享自身的技术优势，通过协同创新的方式将技术汇聚在一起发生一些有效的改进，这些有效的改进也进一步促进了创新外溢效应的发挥。知识链合作还有一个重要作用就是能进行组织间的正式访问，比如科研人员可以定期参与企业的生产流程和参与工艺改进工程。通过正式的知识链合作，各种特性的知识能进行融合，并将适合市场的技术通过协同创新参与方应用于新产品中，最终实现产、学、研协同创新的外溢效应。一般基于知识链合作的创新外溢效应是循环转移的，不同类型的知识和技术通过开放式或封闭的知识链进行传播扩散。

2. 间接外溢效应

（1）非正式交流。非正式交流是乡村产业外溢重要的间接渠道。大量的新知识是无法通过书面语言进行教学和传播的，这是由于部分知识是一种强隐性知识，这些技术与每个人的经验、秘诀、精神和感悟密切相关。隐性知识对于产、学、研协同创新各参与方创新效果的实现起到重大作用，当创新参与方建立了信任关系，在进行非正式交流时就可以促进乡村产业的外溢效应。此外，具有隐性特征的一些技术需要人员之间的口口相传才能传承，这些技术往往可以通过频繁持续的非正式交流发生转移。由于乡村产业项目的密集推行，技术人员可以频繁地进行非正式交流，通过聚会、散步等方式进行技术外溢。通常认为非正式交流的创新外溢效应没有特定方向，包含同技术水平人员间的溢出和不同技术水平人员间的溢出。

（2）企业衍生。企业衍生是发源于硅谷的一种间接创新的外溢方式。企业衍生最早是指由高校、科研机构或者企业的员工出走新创办公司并带走知识或技术的形式。乡村产业创新活动中经常需要成立一个新项目公司，把新技术和新产品投入市场，这些依靠具有高技术机构的企业通常能快速完成从新技术、新知识到新产品、新工艺的转化，这也是完成创新外溢的重要渠道。硅谷许多著名科技公司都是依靠斯坦福大学的知识溢出来完成知识积累以及创新外溢的，后期通过职员从原公司离职开设新公司再次进行企业衍生，能极大地推动技术的市场化，这就是企业衍生引导创新外溢效应的重要社会效益。通常企业衍生的创新外溢效应是由技术高企业转向技术低的企业，不排除逆向传播的方式。乡村产业同样存在这种由乡村组织的企业而衍生的创新外溢效应。

3.3.7.3　产业生态化的空间效益

1. 产业生态化发展模式

产业生态化是一种"促进人与自然协调与和谐发展"的产业发展模式，它要求以"减量化、再利用、再循环"为社会经济活动的行为准则，运用生态学规律把经济活动组织成为一个"资源→产品→再生资源"的反馈式流程，实现"低开采、高利用、低排放"，以最大限度利用进入系统的物质和能量，提高资源利用率，减少污染物排放，提升经济运行的质量和效益。不仅如此，产业生态化还要求在从生产到消费的各个环节倡导新的经济规范和行为规则。毫无疑问，产业生态化将是人类社会继工业化发展以来全新的发展道路，是实现可持续发展的主要途径。

产业生态化发展模式在乡村产业组织中的表现是，乡村产业发展的多样性与优势度、开放度与自主度、力度与柔度、速度与稳定达到有机的结合，使农业污染的负效益变为经济正效益。新一轮农村产业革命的目标——生态产业，将为产业转型、企业重组、产品重构提供新的方法论基础，促进传统农业转轨，创造新的社会就业机会，还能从根本上扭转产业发展中环境污染的被动局面，为生态产品推广和生态企业孵化提供数据和信息支持。同时，生态产业的组合、孵化及设计的特点综合了横向辐合、纵向闭合、区域耦合、柔性结构、功能导向、软硬结合、自我调节、增加就业的优点，具有无限的生机和发展活力，其结构与功能比传统产业具有明显的优越性。两者的具体比较参见表3-6。

表 3-6　传统产业模式与产业生态化发展模式优越性比较

类别	传统产业模式	产业生态化发展模式
目标	单一利润，产品导向	综合效益、功能导向
结构	链式，刚性	网状，自适应型
规模化趋势	产业单一化、人性化	产业多样化、网络化
系统耦合关系	纵向，部门经济	横向，复合生态经济
功能	产品生产，对产品销售市场负责	产品＋社会服务＋生态服务＋能力建设，对产品生命周期的全过程负责

类别	传统产业模式	产业生态化发展模式
经济效益	局部效益高，整体效益低	综合效益高，整体效益高
工业废弃物	随意排放，负效应	系统内资源化，正效应
调节机制	上部控制，正反馈为主	内部调节，正负反馈平衡
环境保护	末端治理，高投入、无回报	过程控制，低投入、正回报
社会效益	减少就业机会	增加就业机会
行为生态	被动，分工专业化，行为机械化	主动，一专多能，行为人性化
自然生态	厂内生产与厂外环境分离	与厂外环境构成复合生态体
稳定性	对外部依赖性高	抗外部干扰能力强
进化策略	更新替换难，代价大	协同进化快，代价小
可持续能力	低	高
决策管理机制	人治，自我调节能力弱	生态控制，自我调节能力强
研发与开发功能	低，封闭性	高，开放性
工业景观	灰色、破碎、反差大	绿色、和谐、生机勃勃

从大生态系统的角度来看，实现产业生态化就是建立涵盖第一、二、三产业各个领域的"大绿色"产业，从而增加产业发展的"绿色度"。

2. 生态要素特性以及流动产生的空间效益

(1) 生态要素具有天然的逐利本性。市场经济条件下，要素的自由流动总是遵循从低回报区向高回报区流动的路径，根本上体现的是投资区位选择的过程。改革开放以来，各地生态产业发展不均的一个重要原因在于：中西部欠发达地区较低的投资回报率进一步加剧了生态要素向东部发达地区流入和集聚，且陷入一种"吸血式"的恶性循环。对此，Prebish 于 1949 年系统阐述的"中心—外围"理论指出，"中心—外围"结构并非相互独立的体系，恰恰相反，它们是作为相互联系、互为条件的两极而存在的，其共同构成一个统一的、动态的经济体系，且相互间的动态关系往往表现为"虹吸效应"。

(2) 生态要素流动引发生态产业集聚和扩散。产业的集聚和扩散是一种经济活动过程中的空间现象，一个地区的产业发展，与周边甚至更远地理上的产业活动发生关联。主要原因在于：市场经济强化了地区联系，人力、物力、资金以及信息、技术等要素的自由流动，这些要素融合往来又构成了区域社会经济的往来。可以说，生态要素流动量越大，地区间的联系也越密切，在空间上越容易形成生态产业集聚和扩散。因此，生态产业的集聚和扩散是产业生态化溢出效应的空间表现，这一观点可通过要素流动观点予以解释。

(3) 生态要素变化引发"洼地效应""自我集聚效应"以及"锁定效应"。具体表现为：

"洼地效应"产生于生态要素的流入和集聚。

"自我集聚效应"产生于生态要素流动对规模经济的追逐，以降低生态要素流动对目的地选择的搜寻成本过程中，规模经济增加了新增生态要素的边际收益，引发生态要素自发流向具有经济规模的产业或地区。另外，生态要素在流动过程中也在不断地搜寻产业和空间上的目标，生态要素在空间上的集聚对于降低搜寻成本有良好的"示范效应"。

"锁定效应"主要是防止生态要素流出，以保障生态产业发展所需要素的充足。生态要素的需求常从邻近地区获得补充，而邻近地区为防止生态要素的过度流出往往会采取相似的公共政策，则导致竞争策略"趋同化"。

然而，在现实当中，资源要素无法完全实现自由流动和高效利用。除存在自然屏障约束外，在交通、信息技术日益发达的当前，人为地制造壁垒和制度障碍产生的负面影响越来越明显。地方政府在对生态要素的争夺过程中，过分追逐单体行政区划利益的行为依旧普遍存在，并往往诱发"地方保护主义"动机。这极大地阻碍了生态要素的自由流动和高效利用，其本质是一种干预生态要素天然逐利本性的非市场行为，显然不利于产业生态化水平的提升。因此，构建生态要素在区域间自由流动的有效机制就显得尤为重要，这就需要地方政府充分发挥财政政策的引导功能，使其形成能够撬动生态要素在政策"高地"和"洼地"之间合理流动的调控模式。

4 多业融合内涵解读与融合方式

4.1 多业融合内涵解读和发展现状

4.1.1 多业融合发展趋势预判

总体而言，国内产业融合整体发展呈上升趋势，但在产业融合的某些方面却存在发展不均衡的问题。研究国内实践和相关理论综述可知，本书将产业融合的总体趋势概括为4种，它们分别为依托农业基础融合发展的趋势、依托工业融合发展的趋势、依托农村服务业发展的趋势，以及依托农业政策融合发展的趋势。

1. 依托农业基础融合发展的趋势

农业的基础内涵是随着社会发展不断变化的。传统狭义的农业指种植业，广义的农业包含农、林、牧、渔等初级生产环节。自工业时代以来，农业的生产力和技术水平不断提高，尤其是农业生产力体系变革，使得农业发展成为一个分工明确、协同种植、相互依赖，并与相关产业体系深度融合、共同发展的多维度"农业综合体系"，农业已经突破传统产业内涵的界定方式。

在国内，农业发展模式研究趋势逐渐由关注农业产品质量的提升转向关注农业和其他产业的综合发展研究，如顾益康（2006）认为新型高效农业发展的主要模式是进行栽培，生态养殖，休闲农业，种、养、加一体化等。李云贤（2009）认为我国现代农业模式发展的大致方向应为农业布局结构区域化、生产经营环节规模化、产业链体系一体化、自然资源高利用化。宗锦耀（2007）提出农产品加工业具有产业融合的天然优势，能够激发农村活力，并推动农业发展，优化农业体系，促进农村地区多个产业交叉融合。孔祥智、李圣军（2007）认为农业在发展中会由不同地区的资源禀赋、人文环境和经济社会水平催生不同的现代农业模式，东部地区为集约型现代农业，西部地区为特色型现代农业，中部地区为产业化型现代农业。王方红（2010）从产业链视角出发，认为农业服务模式可以为农民提供贯穿农业生产全过程的农业综合配套服务，也可以有效地克服传统农业模式因家庭经营所致的分散、局限困境，缓解农业小生产与产品大市场二者间的矛盾。

近年来，农村产业融合过程增加了产品创新、流程创新、技术创新、管理创新等新的理念研究；如精深加工农产品、有机农产品、休闲农业、生态农业、体验农业等，其本质是更高形态的现代农业。这些多元融合的农业方式已成为新的经济增长点，推动农村经济增长。现代农村出现了产业融合"新业态"和"新模式"，且具有更高的价值形态和更高的附加值，如有机种养和发展餐饮经济结合起来形成"前餐后种""前餐后养"的商业模式，电商平台和农业跨界融合的"互联网＋"农业电商模式，物联网和大数据等信息技术和农业融合的智慧农业，农业和休闲旅游融合的休闲农业和体验农业等新业态。

国内产业融合各项政策的支持也促使各地城乡消费结构发生改变，各地乡镇针对城乡消费需求发展食品加工、农业休闲体验、近郊游、基层电商等衍生产业，快速构建了城乡产业融合体系。数据表明，2017年全国主要规模以上的农产品加工业务收入达19.4万亿元，农产品、工业总产值比例达到2.2∶1，重要农产品转化率超65％。相对应的农村地区休闲农业和乡村旅游蓬勃发展，在全国范围内占旅游接待游客总量的43％，年收入超6200万亿元，年接待游客23亿人次，同比增长25％。农村地区网络销售服务也逐渐提升，乡村网店已有985.6万家，网上劳动就业人数超2800万人，全域网络零售额度大约12448.8亿元。

综上所述，国内的农业发展模式大体上已经完成了由传统农业模式向高效农业模式的转变，如今农业的发展模式已开始从注重地区的资源禀赋、人文环境等，逐渐走向综合化、规模化和产业化的现代农业发展模式。

2. 依托工业融合发展的趋势

国内的农产品加工组织模式与"产业-空间"耦合的相关研究一直是热点话题，涵盖的内容也是方方面面的。如程广斌（2008）通过研究新疆农产品加工业市场的生产行为、产业结构和生产绩效，提出产业组织优化要与整体规模扩张同时并举的观点。曹明玉（2015）从广西农产品加工业现状出发，提出推行新型加工业路径的预测。韩艳旗等（2014）从湖北省农业加工企业的企业数量、产业结构、生产效益、农产品产值比重等方面分析，研究测算出农产品加工业的市场潜力、比较优势度和产业关联度等方面的综合发展能力。宗锦耀（2017）提出信贷农业发展的基础是推动多主体多业态农业结构，并要引导和激励产业加工与农村其他产业有机融合发展。

在国家政策层面，农业农村部新一轮特色农产品区划布局确定了10类特色农产品，包括蔬菜、果品、粮油、花卉、纤维和牲畜等各个农产品领域，并给予重点扶持。中国地区气候、土壤、自然条件丰富多样、各有特色，因此鼓励乡村将潜在资源优势转化为基础经济、技术优势。在国内农村地区产业融合体系中，工业正逐渐走向农业组织优化和复合加工、优化传统农产品工业结构的模式，这也使新型工业发展模式适应了现代化农业发展格局。

3. 依托农村服务业融合发展的趋势

国内农村服务业的研究可划分为农村基础服务研究、农业科技服务研究和乡镇金融服务研究三个主要方向，其中各学者对农村基础服务研究尤为重视。如魏郡英（2007）

提出为什么各地农村基础服务业发展水平往往滞后于农业和工业，其原因在于产业结构体系不完善、收入水平不高以及乡镇政府对农村服务业重视程度较低。王德萍等（2008）进行了国内农业服务业发展方向的探索，并提出需要融合农村产业链，制定完善的制度才得以保证农业服务业发展。相比之下，农村科技服务的研究则大多重视科技与产业体系的研究，如吴武超、黎恒（2011）提出农村社会科学技术的快速发展改变了传统农村的产业结构运行环境，在农村产生了新的服务产业。范海清、罗杭春（2019）认为农业科技服务在产品特征上更复杂，在组织上有更多的差异性和多样性，因此要发挥基层农村地区组织优势。罗华（2019）提出健全农业科技服务体系是突破我国农业发展困局的有力手段。国内乡镇金融服务的研究方式倾向改变传统乡镇金融支付、乡村信贷方式，形成新的乡镇金融体系。如向军（2019）认为，目前我国农村金融最显著的问题是金融服务不规范、不健全，环节单一且效率低下，以及现代信息金融系统在乡镇覆盖率低等，因此，建立兼容性强、效率高的乡镇金融体系迫在眉睫。

4. 依托农业政策融合发展的趋势

随着农村土地制度、金融制度等政策的不断革新，农业融合发展的趋势日益增强。张志杰（2001）、关付新（2005）等人对家庭联产承包制进行了效果分析，提出稳定一个合理的农业土地制度是农业现代化的关键，国家需要适度规模化发展农业和鼓励农村合作组织创新以提高农业生产之间的竞争性优势。张晓山（2007）从我国现行的基本土地经营制度角度进行分析，提出内涵式规模经营道路是提高劳动生产率优势的最优选择。2015年中央一号文件提出政府应鼓励乡镇在提高农业生产潜力条件下挖掘深层次效益，开辟新的农业结构体，突破传统农业发展格局的束缚。

农村产业融合经历了从浅到深、从试点到推广、从特殊到普及的过程，这也说明可供产业选择发展的路径更为丰富。肖卫东、杜志雄（2019）认为"三产融合"是指农业内部各部门之间、农业与农村第二和第三产业之间通过融合渗透、交叉重组等方式形成农业新产业新业态的现代农业组织方式和过程，其过程需要打造合适的平台载体促进农业集群化发展。马晓河（2015）认为，产业融合是农业借助于不同类型的其他生产要素进行跨越式耦合配置，改变传统产业链结构，实现农业价值链跃升，让广大农民参与二产业发展过程和价值增值的分享过程，最终达到实现农业现代化、城乡统筹发展、农民富裕的目的。姜涛（2019）对农业生产、分配、销售、置换等环节上的优劣程度进行分析，再从社会再生产的角度提出农村三产融合的客观要求。

总之，国内的农业政策更强调保障农户的权益，新型的产业融合路径要兼顾科技、制度和农民三者的权益，最终形成"三位一体"产业融合体系。

4.1.2 乡村产业融合发展现状

农村产业融合发展的模式与方法目前已经有较多探讨，如延伸产业链，延展农业功能，开发新业态、新产业等。但随着新的融合思潮持续涌现，产业融合项目逐渐成为农村创新、创业和构建新产业结构体系的热点与焦点。其中，湖北省乡村（镇）产业融合发展实践处于国内的前沿，它的实践项目大多集中在优化产业链运作方式、探索农业如何融入其他产业等方面，均取得了较理想的效果。

初步来看，这些实践项目可划分为四种典型的实践项目类型：结构调整型项目、产业链拓展型项目、产业交叉融合型项目和新兴产业渗透型项目。

1. 结构调整型项目

结构调整型项目基于农业循环经济思想，将农村现有的、孤立的、闲置的多元要素联系起来，构建含"生产者-消费者-分解者"在内的生态型农业产业体系，极大增强了产业经济结构的稳定性，提高了各类产业之间关联度的同时，缩减了各产业运营的原料成本，具体方式灵活、应用广泛。

以湖北省屈家岭管理区为例，其辖区内种植业与养殖业占比一直较高，规模化畜禽养殖基地较少且较为分散。由于农业固有的散养种植畜牧模式，秸秆、稻秆、牲畜粪便等废弃物处理不充分，既浪费资源又污染环境。因此屈家岭管理区决定创建规模化、标准化畜禽养殖场，创新养殖业发展及粪便利用模式，以畜禽粪便综合利用为重点，探索种养结合循环农牧模式，其实践模式主要有有机肥加工、沼气工程等高效粪污处理方式。改变原有农业种植种类，以粮油综合生产能力建设为核心，主攻单产，优化种植品种结构。林业种植则引入特色林果黄桃、沙梨、葡萄品种，优质蔬菜品种，高效、精品花卉苗木品种，结合畜禽养殖，发展果禽立体种养、林下间作等生态种养模式。同时辖区内积极鼓励农村闲置土地的转包、租赁、转让、股份合作等多种形式的土地经营权流转模式，使村集体将部分土地承包经营权有条件外包给合作经济组织，转换了传统农业生产自产自销模式。

2. 产业链拓展型项目

产业链拓展型项目是以农村自身特色农业资源为核心，吸引企业或社会资金注入，补充完善农产品加工业等配套服务体系，打造集育种、生产、销售于一体的农业发展全产业链。借助"互联网＋"、地区政策、农业大数据等时代发展红利，将产业链条向前向后延伸，这样既打破了单一传统农业的发展瓶颈，又实现了产业的融合发展。

以湖北省农谷核心区的农业综合开发示范区为例，辖区内融资企业通过与农户进行合作社联营，联合各个农业生产合作社基地进行农业产品的大规模种植。以融资企业为龙头企业，农户与其签订协议，形成龙头企业（商贸主体）、村庄集体（组织主体）、农户（生产主体）联合，村庄集体和农户形成农业合作社，签订"种植合作协议"，这一过程使双方利益共享、风险共担，不仅带动了农民致富，也使企业的利益得到有力保障。如荆门市部分农村先后在爱斯曼、田野等龙头企业的带动下，全区有一大批贫困农户签订种植协议，摆脱了贫困，走上了致富的道路。湖北田野股份有限公司依靠合作联营，生产桃系食品加工、低糖罐头、什锦罐头等十余种高附加产品，年创经济效益数亿元，已实现"农业致富、农民增收、企业增效"的发展局面。

3. 产业交叉融合型项目

产业交叉融合型项目是指农业契合相关优势产业，进行互补融合，如结合区域内历史文化发展文化旅游，有良好工业基础的村庄可以借此发展农产品加工，自然与交通较好的农村可以结合乡镇旅游潮发展休闲农业等。产业交叉融合型项目的典型特点是农业生产结合农村地区的特色资源发展产业，带动二三产发展附属产业，部分有条件的地区可以进一步挖掘乡村农耕文化、产业观光、科普教育、农业体验服务等多项功能。

湖北省荆门市打造5种美丽乡村模式（"休闲庄园""古韵乡村""花乡农居""果圃人家"和"田园梦乡"模式），将全市乡村当作大景区来规划，村庄当作景点来设计，把农家当作精品来改造，构建起乡村"绿、富、美"的大格局。除此之外，还创立了吸引城市游客的旅游品牌，从而达到农业和经济增长双丰收的目的。比如，湖北省出台了一系列农村金融服务促进乡村振兴的若干意见，提出了如有序开展农村承包土地经营权、林权、农村集体经营性建设用地使用权抵押贷款等农村地区融资模式，鼓励金融机构发行绿色金融债券、"三农"专项金融债券等融资渠道，以完善政策性农业信贷担保体系等保障措施，撬动金融资本支持农业实体经济发展。

4. 新兴产业渗透型项目

新兴产业渗透型项目是以农业为基本依托，引入生物育种、3S信息技术、互联网、大数据等现代农业生产模式和概念，通过科学技术与农业的融合发展，形成的新兴、高质量农业产业。

新兴产业渗透型项目之中信息技术在农业中的渗透尤为重要。湖北省建立了基于网络信息技术的智慧农业平台、农业大数据云平台等农业数据中心，对农业的物联运营、农产品监控和农作物销售等数据进行分析采集，有效地了解农作物种植、生产、销售的数据状况，更好地保护农业生产者劳动成果。此外，不同技术的运用会催生各式各样的新业态模式，包括"互联网＋农业"、农村综合产权交易所、"互联网＋特色小镇"等。比如，湖北恩施州和中南民族大学合作，打造农产品质量管理与追溯大数据平台，建立信息共享高效便捷的流通体系，引入生物科技公司建立特色农业试点，并鼓励乡镇利用无土栽培、大棚种植、规模化养殖技术等新型农业技术，发展烟叶、茶叶、蔬菜、干鲜果、药材、畜牧等支柱产业，最终实现了农村新型经营主体的蓬勃发展。

4.1.3 乡村产业融合过程中的不足之处

近年来各省制定了许多有利于农村地区产业融合、乡村振兴的政策，如水产养殖业发展政策，推进农业机械化、农业装备产业化政策，鼓励农村地区金融体系发展政策，规范农村土地经营权流转政策等，但产业融合过程中仍存在许多不足之处，如上级政策难以传导，项目落实缓、口碑差，后期带不动周边发展，监管不力等问题。

1. 多个项目融合缺乏对周边发展的带动性、延伸性和集聚作用

农村地区的农业更多的是小农经济，农民各家顾各家，相互独立，缺少实质性的配

合种植生产的产业，而大部分农民相对于农业运作模式变化都或多或少有抵触情绪。部分乡镇为了降低项目实施难度，产业融合的实践多以"单项目""小投资""广撒网"的形式进行，产业带动延伸效果较弱，对周边区域发展的带动性不强。

在乡镇范围内推进产业融合大多需要对传统的一、二、三产有较大改变，重组产业结构并赋予新的农业职能，单个产业融合短期内虽然容易出成果，但局限性小、规模分散，且项目缺少带动周边区域发展的吸引力。同时大量的农业资源、社会资金、人力技术分散在单一的项目中，单个融合项目难以形成规模化的产业集群，而多个项目融合缺乏上下衔接的空间，难以形成覆盖整个区域的产业融合体系。

2. 大部分地区对产业融合核心理念认识不足，农业产业空间结构调整滞后

党的十九大报告提出"产业兴旺是乡村振兴的关键"，而产业融合的核心是依靠农村自然资源推进农业农村现代化，从而实现农业振兴，而文化融入、科技融入、新技术融入等产业融合方式是在农业振兴基础上实现乡村振兴的路径。

譬如湖北省农村农业发展，一、二、三产的产业结构优劣不一，种养产业发展虽然较快，但农业产业化程度不高、产业基地覆盖范围太小、农产品附加值太低、科技支撑力量薄弱。部分欠发达乡村处于传统耕种模式，由于经营管理粗放，畜牧业规模化养殖很少，小型养殖户居多，故形成的产业链短小薄弱。

大部分乡村地区二产、三产发展未形成依靠龙头企业带动配套企业集聚的产业链，农业产品科技含量低，竞争力不强，产业融合难度大。产业融合发展方向倾向于中低端融合，如农产品加工、销售等领域。高端核心技术产业如农产品研发、创意和高端品牌建设等方面仍然比较薄弱，初级产品多，加工产品少，精深加工产品更少。

而农业空间受到城镇化、工业化影响，农业资源的刚性约束矛盾日益突出，城镇边界与农业红线摩擦不断加剧，农业在全域产业体系中不断削弱，发展空间不断缩小，农业空间结构调整缓慢，难以调动农民种植的积极性，进而对整个农业种植、产品加工、城市市场运作体系产生较大的影响。

3. 乡村（镇）劳动力结构失衡，资源环境不堪重负

随着城镇化的加速，农村"空心化"现象突出，农村劳动力呈现出年龄、性别比例失衡，季节性短缺等问题。农村人才长期不足，尤其是乡村（镇）产业融合中技术熟练、会管理、市场开拓能力强的复合型人才不多，各省农业发展面临人才缺口的问题。

农村资源环境最为严重的问题是资源浪费严重，资源回收利用难，土地利用粗放低效。其次由于农民相关种养知识缺乏，为提高农产品价值，经常通过反复耕种，滥用化肥、农药等方式来增产增收。这一耕作过程不仅使现有土地资源遭到破坏，也使其不适宜种植传统作物。此外，不适宜耕作的荒地、山坡、滩涂资源往往被忽视闲置，许多农村宅基地占用耕地、荒废、闲置现象严重。

4. 监管环节存在盲区，项目缺乏政府组织引导与公共配套

农村土地资源在引入社会资金，企业、政府等主体和农户形成"利益共同体"时，

融入科学技术推进现代农业种植的过程中仍存在着一些监管盲区。如部分乡镇出现"企业与合作社不分"，甚至出现为了套取国家扶持政策的"假合作社"现象。农村地区经营主体大多属于市场需求的供求方，规模较小，生产和服务内容单一，影响力很难提高，带动能力不强，这使得农民和企业之间的利益分配极易产生矛盾。

农业土地经营权流转也是推进产业融合的方式之一，但对于如何保障农村集体的权益和承包方利益这一问题尚没有解决方案，侵犯农村土地利益的情况仍时有发生。土地"权属确定"的工作难度比预计要高，其工作过程中牵涉到了村民、村集体、承包方、乡镇政府等多方利益，故受到多方权益的阻碍。监管环节需要政府相关部门组成特别处理小组，对各利益权属主体进行协调和监督，以保障农业土地资源监管工作的平稳运行。

5. 小结

乡村地区产业融合的推进一直以来存在各式各样的问题。农村基本经济基础较差，抗风险能力弱，贸然改革会加大乡镇产业融合风险，农民很难承担失败的后果。加上农村地区具体情况复杂，整体的落实较为困难，政府因地制宜地制定产业融合的项目与政策则更为关键，故产业融合理念下的农业改革亟需乡镇政府和有关组织的中间传导。

4.2 乡村产业融合发展的情景分析与趋势预判

4.2.1 乡村产业融合发展的要点

1. 自然资源是核心

产业融合核心是"自然资源"融合，即以市场需求为导向，山、水、林、田、湖等资源为核心，通过农业内部、生态资源与农村第二和第三产业相互间形成联动，打破农村一、二、三产业的边界，不断拓展农业生产、生活、生态功能，最终实现产业效益"1+1+1＞3"的产业融合效果，实现经济效益、社会效益、生态效益的最大化。农村地区自然资源优势能更好地发挥产业融合效应，如发展特色种养业、农产品初级与精深加工业、农业生产性服务业等产业可以激发农村产业活力，壮大集体经济，带动农民就业和致富。

2. 农业是支撑条件

乡镇地区产业融合需要以农业支撑来开展，即任何形式、任何层次、任何区域中的产业融合必须在农业基础上推进。农业的高质量发展能推动农产品科技创新，支撑乡镇金融服务体系，促使现代化农业产业体系和经济体系协同，增强农业创新力和竞争力，构建第二和第三产业发展的资源基础，进而带动农村地区一、二、三产融合，推动乡镇产业体系发展。

3. 城乡供给需求是推动力

产业融合需要科学把握城乡之间供给需求和农村地区中山、水、林、地之间的关系，供需市场应推动城乡要素之间的流动，确定乡镇产业融合的发展方向。城市生活需要高质量农产品推动现代农业融入一产，促进农业资源、自然资源与城市提供的农业科技结合，以建设规模化、高品质的农业园区。城市居民度假、旅游的需求，推动周边乡镇休闲农业、乡村旅游等一、三产融合，将区域内农业资源、风景人文资源整合发展为近郊度假、度假康养。

4.2.2 乡村产业融合发展情景构成

1. 乡村产业融合发展的情景条件

乡村地区产业融合发展离不开乡村自然资源的合理利用和城乡要素之间的互通，乡村产业融合发展基础条件存在着三个关键要素：一是发展产业融合需要依托的资源方面；二是城乡要素互通需要依托的供需方面；三是推进资源和供需融合发展所依托的手段与措施方面（图 4-1）。

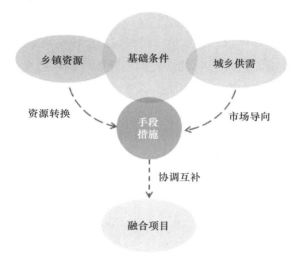

图 4-1 产业融合情景意向图

2. 资源条件

农村地区自身所拥有的自然资源确定了初始的农业产业类型，也为农业产业未来发展、延伸、融合提供物质基础。同时由于乡村地区自然资源种类复杂，所衍生的初始产业类型也各有特色，因此不同初始产业类型有着不同的适宜发展方向，也存在相对应的制约发展因素。农村地区的资源根据物质属性不同，可大致划分为"山、水、田、地"四种基本类型。

"山"指农村地区所包含的森林资源、物种资源、风景名胜资源等自然资源，该资源会衍生到中药行业、苗木花坛等初始种植产业。虽然这些资源本身所含有的资源特征限制了大规模的加工业发展，但产业总是不断寻找发展的路径，剩余资源又会催生一系列如野生动物养殖、山庄旅游、休闲农村、山林越野等次生产业。这些衍生发展的产业既可以成为加工制造业的材料来源，也可以发展为三产的支撑产业。

"水"指农村地区广泛存在的湖泊、海洋、江河等水系资源，所发展的初始产业包括养殖业、渔业、运输业等，其所衍生的产业与二、三产业的适宜性较强，可以普遍打造成为渔业养殖区，部分地区可以发展特色生物养殖。

"田"指农村地区农业生产所耕种的耕地资源，根据耕地所处的地形地貌特点发展各具特色的初始产业，包括山区耕地沿等高线开辟成梯田、水土流失严重区的坝田、低洼易涝地区的圩田以及南方地区最为常见的水田等。耕地资源作为最为基本的土地资源，是乡村地区的最根本性的资源基础，故发展二三产必须要严格保护耕地资源。

"地"指农村地区的农村建设用地、农村产业开发用地等在乡村进行各项非农建设所使用的土地资源，包括宅基地、产业用地、设施用地等。农村所拥有的土地资源是开展公共设施、公益事业、流通基础设施等的基础，也是在符合规划和用途管制前提下能够流转经营的。"地"的发展促进农村经济社会结构的转变，也是发展二产和相关配套设施建设的基础。

3. 城乡供需

城乡社会经济迅速发展使得农村地域空间与城市地域空间距离开始缩短，农业、工业、服务业分工互相交融，城市与农村供需界限开始模糊，城乡之间互补性更为突出。城乡供需随着城市与乡村双向交流开始加强，城市居民不再满足城市内部消费，市场对乡村地区内更为廉价、便利、优质的生活元素需求逐年增加，如食品类的粮食、蔬果、肉类，休闲娱乐类的观光、农耕文化，康养生活类的旅游、度假等。农村的产品除了自身消耗部分，绝大多数则通过与城市之间的供需交流吸引城市的技术、资金、劳动力等要素投入，从而发展建设农业科技、农村金融体系、现代化农业产业体系和经济体系，以增强农村地区的创新力和竞争力。

4. 手段与措施

手段与措施是缓和资源、供需二者间矛盾与优缺，将产业融合项目具体落实的重要路径环节。农村资源和城乡市场供需决定了产业融合的发展方向，手段与措施决定了具体融合项目的实现方式和落地途径。手段与措施主要有三种类型：科技手段、文创手段和服务与运营手段。

科技手段指推动农业生产力提高的科学技术方法。如现代农业技术、无土栽培技术、信息技术等；农业发展模式如光伏农业模式、温室大棚模式、循环农业模式等；与农村发展相关的产业如精加工、制药、科技产业等加工技术。

文创手段主要利用农村地区现有的果园、种植基地创造旅游、观光、农业博览等精品景点，或是品牌包装本地特色产品、文化风俗、风景名胜，推进农业与旅游、生态、文化、科技的融合，以此形成新的消费热点，吸引消费者，打造地域鲜明特点的农村产业发展，进而推动农村的产业融合。

服务与运营手段是依托产业融合相关各类设施基础，完善融合项目的基础设施平台。其表现在：农村地区加大对道路整治修整，对公厕、停车场和路灯等公共设施基础的建设，完善运营水电、交通、通信、医疗等基础服务设施，提高服务设施的便利性、设施利用率等方面。

4.2.3 乡村产业融合发展模型构建

1. 产业融合发展模型构建的基本思路

在产业融合项目开展中资源转换是基础，城乡供需推动力是关键，手段与措施是协调二者关系的黏合剂，是将概念转换为方案的要点。城市市场对农村劳动力、生产要素、市场的需求的强弱是项目制定阶段直接导向因素，也是农村资源能够转化为经济优势、区位优势，吸引城市的人才、技术、资金的关键所在。资源转换是开展融合项目的基础，资源转换将农村区域内土地资源、林业资源、水域资源、风景名胜、民俗风貌、矿产地质等潜在资源优势转换为经济优势、区位优势基础，以吸引人才、技术、资金的开发利用。手段与措施协调市场与资源矛盾，为项目前期拓宽基础要素，后期补充产业配套服务，反馈增强乡镇资源的市场需求（图 4-2）。

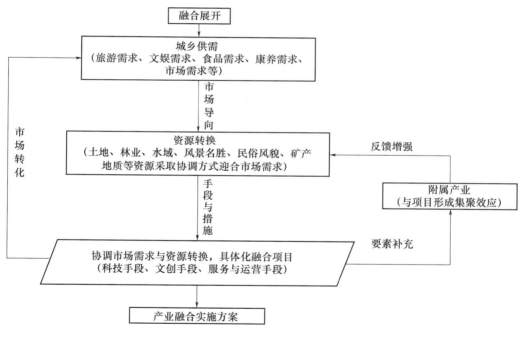

图 4-2 产业融合流程演示图

2. 纵向轴线——供需推动力

城乡供需推动力是产业融合的关键，其中城市因收入水平、区位、消费能力这三方面的强弱直接影响其对农村地区供需推动力。

城乡供需推动力强弱的主要影响因素是收入水平。城市的平均收入水平越高，居民消费的水平也越高，所需求的农村要素就越丰富，且收入水平越高，需求的辐射范围也就越高。如浙江省人均可支配收入是全国最高，其消费需求推动力巨大，需求辐射范围覆盖整个华东地区。其次是区位因素。区位好的城市能够接受的农村要素更多，推动力更强，较差区位的城市则相反。与其收入水平、区位相适应，影响城乡供需推动力强弱的另一个方面是消费能力。普遍来说，区位等级越高的城市收入越高，供需推动力也越大，所带来的消费能力也逐层递增。

3. 横向轴线——资源转换力

里昂·瓦尔拉斯认为商品的价值就是它的实际市场价格，其决定于市场供给与需求的关系。城市的消费水平、需求程度决定了农村资源要素的供给与需求关系，在城市需求市场条件相同时，农村地区山、水、林、地等自然资源转换力的强弱反映了资源创造价值所取得最大收益的能力。资源转换力达到城市需求市场最大边际成本所制定的价格，农村资源转换为价值的产业体系才是合理的。

自然资源市场价格的推算可以通过自然资源价值收益现值模型进行：

$$P = \sum_{i=1}^{n} \frac{P_i}{(1+r)^i} (i = 1, 2, 3, 4 \cdots \cdots)$$

式中，P 为资源价格；P_i 为未来第 i 年的资源预期收益额；n 为收益年限；r 为折现率。

4. 产业融合发展情景模型设计

本书中产业融合项目按照供需-资源要素强弱可模拟出 4 种情景模式，构成 4×4 情景矩阵模型（表 4-1）。

表 4-1　供需-资源情景矩阵

	资源推动力弱	资源推动力强
供需转换力弱	供需推动力弱，资源转换力弱的乡村 发展传统型产业（基础类别）——初级农业；山、水、田、地的依附产业——现代农业；初级乡村旅游	供需推动力弱，资源转换力强的乡村 发展特色型产业（发挥特色）——初级农业，地域特色型产业；资源特色型乡村旅游
供需转换力强	供需推动力强，资源转换力弱的乡村 发展互补型产业（需求强劲、但自身不足、需后天手段加强满足城乡基本需求）——现代农业；初级乡村旅游	供需推动力强，资源转换力强的乡村 发展细分型产业（可满足高端需求）——精品农业；定制农业；高端化文创型乡村旅游

供需-资源情景矩阵从城乡双向需求角度来看，在供需推动力和资源转换力驱动下乡村产业融合演化方式有着内在的组合规律：

（1）供需推动力弱，资源转换力弱的乡村地区，适合发展传统型产业融合。即乡镇内部资源支持发展什么样的依附产业，就选择发展什么样的产业，以提高乡镇自身资源转换力为主，为以后的进一步融合提升奠定基础。

（2）供需推动力弱，资源转换力强的乡村地区，适合发展特色资源型产业融合。这类乡镇往往处于较为偏远、受到城市供需推动力弱的地域，但拥有独特矿产、动植物物种、风景名胜、湖泊水系、民俗文化等优势资源，具备特殊资源价值。

（3）供需推动力强，资源转换力弱的乡村地区，能借助城市劳动力、资金、科技等要素快速发展，形成互补型产业，产业优势相对较大。这类乡镇一般地理位置较好，靠近城市或者市场供应点，能够受到较强的需求推动力，但乡镇内可供转化的资源较少或是资源转化效率差。因其受供需推动力的影响，城乡供需中流动的资金和生产要素比较容易在此类乡镇集中，适合形成与城市需求相一致的互补性产业融合模式。

（4）供需推动力强，资源转换力也强的乡村地区，适合走全面发展的细分型产业融合。这类乡村地区无论市场供需还是自身资源转换的价值都较为完善，不管是农业、农产品加工还是乡村旅游都有发展的潜力，该地需要细分区内资源物尽其用，挖掘资源的最大价值。

4.2.4 基于融合情景模型的乡村产业升级方向预设

由供需-资源情景矩阵模型可知，目前乡村产业融合升级方向与供需推动力和资源转换直接相关。因此，可以根据供需-资源强弱的对应关系，预设乡镇产业升级方向。具体可以分为以下几个方面：

（1）推动力弱、转换力弱的乡村可以从扩大供需途径，加强资源转化率这两个方面进行升级，扩大农产品销售路径，根据自身资源特质改变产业模式，发展现代农业、科技农业、农旅结合、产业园区，提高资源转换率。

（2）推动力弱、转换力强的乡村需以特色资源为基础，将资源转化为乡村品牌，打造文化乡镇、工业乡镇、文旅乡镇、科技乡镇等，打造精品农业、乡村休闲型旅游、文创型旅游、科技产业示范等发展模式，吸引较远地区市场的投资、产业和消费，拉动其他产业发展。

（3）推动力强、转换力弱的乡村自身的城市供需推动力能吸引许多城市资源、消费和技术，升级关注重点是如何提高自身的资源转换力，凸显供需优势，并以此细分产业，推动城市产业融合发展的综合化。如武汉周边的乡镇虽然平均耕地面积较其他地区少，但地区可以通过科技手段提高生产率，发展现代农业模式。如黄陂部分乡镇相对鄂西的自然风景一般，但是黄陂区乃至武汉市的居民户外旅游需求大，该地做乡村旅游仍具有较大的潜力。

（4）推动力强、转换力强的乡村资源和产业基础底子好，向科技农业、文创旅游、高端度假等高质量产业模式升级更有优势。发展城市旅游服务配套、规模化农业、集聚化产业园区，进而形成周边区域的经济、产业体系中心，也是一种良好利用资源的产业路径模式。

4.3 产业融合发展的类型与方式研究

4.3.1 产业融合发展的设计类型

传统产业融合项目从单个项目角度出发，注重局部产业融合突破，多业融合项目则是在传统产业基础上进行提升，注重产业的整体融合。

无论是多产业之间的相互融合，还是同一产业之间的不同环节进行整合，最终所要达到的是带动区域产业之间以长补短、最大限度融合发展。"供需-资源"情景矩阵揭示了多业融合的一般演化规律，预设 4 种乡镇产业升级方向，以此最大程度产业化、价值化乡村资源。基于此，具体类型可以根据生态收益最大化、效率最大化、资源利用最大化原则，将产业融合设计为融合前期的 3 种基础类型和融合中后期的 1 种强化类型：一产＋农业科技融合、一产＋二产融合、一产＋三产融合与一、二、三产融合。

4.3.2　一产＋农业科技融合发展

1. 一产＋农业科技融合发展基本逻辑

一产＋农业科技融合是利用现代科学技术改变传统农业生产，用现代组织管理方法来经营的社会化、商品化农业，对乡村传统山、水、田、地等资源提升改造的现代产业，是现代农业和未来农业的体现。

农业科技对传统农业的改造主要包括四个方面：

一是种植方式改进。农业模式是设施农业、立体农业、循环农业、精准农业等方法重新组织农业资源的转换方式，起到全面优化乡镇资源转化效率的作用。

二是农业产品改进。利用生物工程技术、基因育种等科技手段筛选优良品种，提高农产品基础产量和质量。

三是运营手段改进。具体表现为智能化农业生产和机械化农业设备。智能化农业如智慧农业、智能调控系统、信息技术等突破传统农业小家庭管理模式的限制，用机械化农业设备替代了人畜力作业，进而全面提升农业生产。

四是概念和理念改进。比如生态农业、有机农业、农旅一体等一系列新兴思想融入乡村的发展，与农业科技呼应以形成多种融合业态。

2. 一产＋农业科技融合发展的一般类型

农业科技对山、水、田、地等资源改造以提升资源的转化力为主，无论是种植方式、农业产品、运营手段、概念和理念的改进都是基于乡村基础资源，结合乡村一、二、三产形成集聚、互补的产业体系。

一产＋农业科技融合催生的产业类型多以基础资源产业＋科技引导的方式发展。其中科技引导是以农业科技概念和理念为主导，以现代农业提高农业生产力为核心，与科技运营手段相结合，分析农村资源数据和市场供需数据，引导乡镇根据数据反馈选择，如"互联网＋农业""互联网＋特色小镇""农村综合产权交易小镇""科技农业产品试点乡镇""科技产业园区"等具体项目融合发展附属产业。

3. 一产＋农业科技融合发展的具体实践

湖北省近年鼓励各级乡镇政府实践科技融合农业项目，建设了各级农业大数据平台、科技农业示范园等项目，且均取得了显著的成果。项目成立了如智慧农业平台、湖北省农业大数据云平台等农业数据中心，使企业、农民对农业产业链的种植、加工和销售的上下游环节进行了重点把控，有效了解农作物种植、生产、销售的数据状况，从而更好地保护农业生产者劳动成果。

恩施州在此基础上更进一步，与中南民族大学合作打造农产品质量管理与追溯大数据平台，建立信息共享、高效便捷的流通体系，引入生物科技公司并建立特色农业试点。2018年恩施州国家茶叶区域性种苗繁育基地项目鼓励乡镇利用无土栽培、大棚种植技术等新型农业技术开展茶树的育种、优化、精选，以形成以茶文化为主导的区域支柱产业体系，从而实现了农村新型经营主体的蓬勃发展。

4.3.3 一产＋二产融合发展

1. 一产＋二产融合发展基本逻辑

一产＋二产融合是对乡村资源深入转换的过程，是利用加工、制造、发酵、包装等环节提高农产品附加值，使之与一产经营互补构成产业项目集群，形成产品-加工互补、综合型农业体系。一产＋二产融合中市场、资源二者共同起作用，即以市场为导向改造乡村产业结构。具体发展逻辑如下：

一是农业生产更专业化、流程化。其表现在二产加工往往需要特定的农产品材料，周边乡镇的农业生产为支撑二产的正常运营会改进生产方式，利用现代农业增加需求农产品种养殖能力，进而形成一产＋二产融合的专业化、流程化农业产业体系。

二是资源、技术集聚扩散，一产＋二产融合项目管理和运作的过程易吸引外来投资、技术改造乡镇资源，在区域内形成以项目为主体的若干个集聚中心，资源、技术也随之由集聚中心扩散传导至周边区域。

三是乡镇产业链重组提升，在产业规模化下一产＋二产融合项目与市场紧密相连，这使传统农业产业链结构发生重构与分离，从而形成多支链的立体产业链（图4-3）。

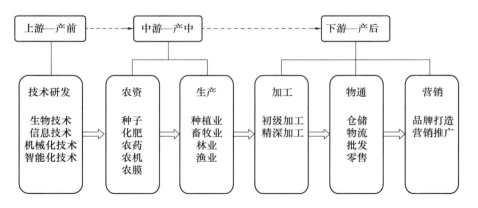

图4-3 一产＋二产立体产业链意图

2. 一产＋二产融合发展的一般类型

一产＋二产融合是乡镇资源就近加工、集聚生产资源、扩散生产要素的融合形式。根据市场导向，一产＋二产融合发展的模式会形成"农产品加工＋农业"和"城市需求互补加工＋农业"两种类型。

农产品加工＋农业的模式是传统一二产融合的延伸，通过整合分散的一、二产业，单一的项目实现了技术、产品、业务共通，最终形成以龙头企业、产业园区、农户为主体的上下衔接紧密的产业链。加工＋农业是适应市场需求发展的融合类型，城市需求则吸引城市生产要素向工业生产集聚区输送，要求企业改进农业生产模式，并针对性生产农业产品，融合产业、文化、旅游等功能集聚，以形成如食品加工、地产直供、加工配套、基层电商等工农城乡融合体系。

3. 一产＋二产融合发展的具体实践

义亭镇处于义乌市西部交通、文化中心地段，拥有良好的人文生态资源和农业、畜牧业资源。2017 年小镇引入大型食品制造企业投入，并结合现代农业模式打造了健康食品产业、美国文化街区、田园综合体三大板块的食品加工康养小镇。其服务功能包括食品加工、文化旅游、影视娱乐、创意农业、农事体验等，通过与周边乡镇农户签订供需协议，融合产业发展，打造出了种植养殖-食品加工制造产业集群。义亭镇融合项目的实施优化了义乌西部区域农业产业结构，使原有萧条产业转型升级为居住、农业、旅游一键式服务的综合性产业链，实现了产业升级，带动了整个义乌市的经济快速发展。

4.3.4 一产＋三产融合发展

1. 一产＋三产融合发展基本逻辑

一产＋三产融合涉及大旅游、文化创意、农业、科技等多个方面，是利用各种类型服务手段打造乡村品牌，丰富、推广、创新乡村特色资源，吸引技术、资金、游客消费的模式，是农村新型业态的体现。一产＋三产融合的内涵在于提升生态资源、文化资源、农业资源、产业资源的各项服务体系，满足市场需求，以优质服务产业与农业互通形成集聚效应，实现产业融合。

一是生态资源细分。生态资源是乡镇地区最基础的资源，是一产＋三产融合最普遍的提升方式，山、水、林、地可供发展的要素十分丰富，市场若需求某种生态资源，即可进行资源细分，重点运营这类生态资源，以形成品牌效应。

二是文化资源推广。文化资源包括乡镇历史发展中人文、地质、民俗、建筑等历史要素。文化是一个乡镇的历史标志，其与一产融合易产生 1+3>4 的融合效应。

三是农业资源提升。农业资源的提升要求全面提升，其中包括农、林、牧、渔在内的基础农业，提升集聚产业以凸显高端农业，使农业资源运转效率达到最大化。

四是产业资源配套。基础产业支撑乡镇经济体系，乡镇经济体系离不开运输和销售、生活用品的售卖、餐饮等配套服务。全面细致的配套服务能改善村庄风貌，提高一产＋三产融合项目的整体水平。

2. 一产＋三产融合发展一般类型

欠发达地区的乡村大部分是工业欠发达，这些地区形成了以农业为主导产业的后发达地区，自然环境破坏相对小，大都有先天的生态环境优势。一产＋三产融合是基于乡镇文化、旅游资源、旅游品牌等自身特质而发展的，关联农业资源形成的产业具有品牌特点的融合优势。

优势乡镇品牌是乡镇能够吸引城市消费、投资的关键，无论哪一种资源的品牌，其最终目的是在一产＋三产融合的基础上扩大产业融合范围，更新覆盖面，如无土栽培、民俗手工观摩园、特色餐饮自助分享、乡土传统表演秀等多项产业。优势产业不断融合发展，共同形成独具农业、人文特色的特色小镇。

3. 一产＋三产融合发展具体实践

一产＋三产融合具体实践项目根据品牌特点有不同表现形式，以荆门市为例，计划以5种美丽乡村品牌（"休闲庄园""古韵乡村""花乡农居""果圃人家"和"田园梦乡"），打造农业创意园融合体系，实现乡村振兴。

5种美丽乡村品牌计划将乡村当作大景区来规划，把村庄当作景点来设计，把农家当作精品来改造，构建起乡村"绿、富、美"大格局生态产业景观，创立吸引城市游客的旅游品牌，撬动自然资源支持农业实体经济发展，以达到农业和经济增长双丰收的目的，形成荆楚特色的产业融合体系。

4.3.5　一、二、三产融合发展

1. 一、二、三产融合发展基本逻辑

一、二、三产融合发展是一产＋农业科技融合、一产＋二产融合、一产＋三产融合的后续完善过程。产业融合前期阶段是产业之间融合或不同产业融合，改变农业产业结构单一的现状，凸显乡村优势适应供需的阶段过程。产业融合中后期阶段是一、二、三产整体性融合的阶段，其过程更注重薄弱环节。从乡村周边次要资源基础要素出发，根据前期阶段一产＋农业科技、一产＋二产、一产＋三产的融合方向推动周边要素形成循环配套，补充优势产业短板，弥补融合发展过程中存在的疏漏、不足。

2. 一、二、三产融合发展一般类型

根据前期融合产业路径不同，乡镇地区一、二、三产整体融合思路按照产业体系联系方式可划分为以下3种类型：

一是产业体系竖向融合，即产业与市场直接联系。纯粹的一产＋农业科技融合是对一产进行的升级改造，以实现经济效益和生态保护，实现统一循环农业、生态农业模式。为进一步提升需引入企业投入和游客消费，完善模式配套刺激市场需求，产业融合可以转型为农旅综合型乡镇。

二是产业纵向延伸融合，即产业体系多层次发展。一二产都是生产性质的产业，一产＋二产融合强化农村生产力，延伸产业链条，对产品运输、销售、储存等服务要素的配置需求较高。在一产＋二产融合的各个环节中新增农企结合、产业服务、金融贷款等附属产业，以扩大产品销售范围。纵向延伸发展模式形成产业链规模效应，保障工农城

乡融合体系运作。

三是产业横向拓展融合，即产业体系同一层次多方面发展。一产＋三产融合能形成特色小镇增加农产品服务和物流运输等基础产业优势，并赋予农业旅游、康养、教育等新功能，提高乡村竞争力刺激市场需求。特色小镇引入的消费、资金、技术为二产融入创造了发展契机，与一产＋三产交叉融合拓展乡村产业体系，从而进一步形成复合产业类型。

3. 一、二、三产融合发展具体实践

按竖向结合、纵向延伸、横向拓展的思路，一、二、三产整体融合会形成各具特点的融合项目。

一是产业体系竖向融合项目以农垦金色阳光国家农村产业融合发展示范园为例，产业园以农牧结合、农林结合、循环发展为导向进行产业融合，率先实现"猪-蔗-牛-厂-肥"综合立体循环模式。该模式农业废弃物综合利用水平高，在全国具有较高知名度和影响力，也有力地促进了当地产业发展和农民增收。

二是产业纵向延伸融合项目以宾阳县万顷香米农村产业融合发展示范园为例，通过农业向后延伸或者农产品加工业、农业生产生活服务业向农业延伸，形成了"育种-种苗-种植-加工-营销-品牌-观光"的多层次产业链雏形。通过发展农业规模经营、支持农民合作社和家庭农场发展农产品加工和农产品直销等附属产业，也极大地促进了农业产业链各环节紧密结合。

三是产业横向拓展融合项目以南宁市"美丽南方"产业融合发展示范园为例，通过与其他产业的功能互补，赋予农业新的附加功能，将小镇打造成集生产、休闲、观光、科研、示范、科教等功能于一体的新业态。在产业横向扩展的基础上，南宁市"美丽南方"乡镇已成为各个产业紧密结合的国家示范乡镇。

4.4 多业融合下乡村产业一体化发展

上述诸多实践项目表明：产业融合能协调农村地区的市场需求与资源转换，改变乡村原有资源转化的模式和需求。当单个产业融合项目成功发展之后，其能反馈补充乡村固有资源、市场需求，带动周边区域集群化、规模化、差异化、互补化发展。产业融合项目根据"供需-资源"情景矩阵模型具体实施后，可按产业链环节划分为横向、纵向、分工合作、循环 4 种乡村区域一体化发展模式。

4.4.1 乡村产业横向融合模式

推动力强、转换力强的乡村易带动区域产业规模化、互补化发展，农业与同一层次其他产业之间能快速互相交叉、渗透、拓展，使农业具备水土保持、旅游观光、民俗传承、科技教育等多种功能，从而带动周边的文化、旅游、教育等产业交叉补充发展。产业横向融合的重点在于农业资源的细分，选择满足城市市场需求的文创、旅游、科研等二、三产业差异化发展，形成如"科技农业""创意农业""农业博览园""定制农业"和"环保农业"等精品产业链，才能更好地扩大乡村市场，带动周边区域深入发展（图4-4）。

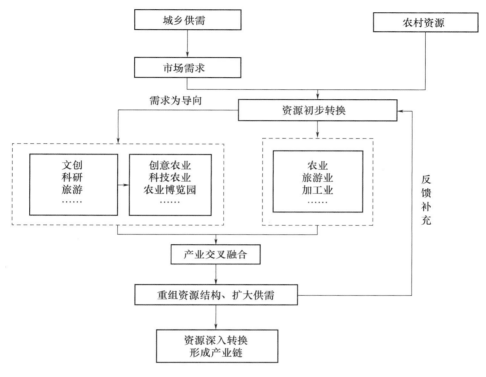

图 4-4　产业横向融合路径

4.4.2　乡村产业纵向融合模式

推动力弱、转换力强的乡村往往为扩大市场供需选择产业纵向融合发展模式。通过构建专业化、特色化产业链，形成集聚化、规模化的乡村产业集群，细分产业上下游链条，引导一、二、三产业服务配套，纵向反馈提升资源转换效率，最终形成产业新循环、新业态、新融合的模式。纵向产业融合需要将特色化资源形成农业产业链，细分产业链上下游产业市场，以市场需求为导向专业化产业链上游的运输、加工、销售等环节，集聚下游生产服务环节，涵盖了研发、生产、育种、销售、服务等各个领域，从而带动周边一、二、三产配套服务主导产业的发展，形成规模化、互补化的发展格局，如"一村一品""一乡一业""景区配套小镇"等（图4-5）。

4.4.3　乡村产业分工合作融合模式

推动力强、转换力弱的周边市场为此类乡村提供了强大的供需推动力。市场存在某种需求但分散的乡村资源却难以转化满足市场需求，政府、企业、农户之间就以此进行分工合作。产业分工合作融合以农产品的市场需求为直接导向,运用订单生产、统购统销、分工组织、股份合作等方式形成合作联盟企业,合作社再与农户等签订分工合作协议,细分农业资源潜力,最终形成类似于"企业、农户""企业、合作社、农户""企业、合作社、基地、农户"等农业产业集群。周边企业可以根据该产业集群的运作模式进行互补配套深加工、运输、农家乐等附属产业的发展,为进一步提升资源转换率打下坚实基础(图4-6)。

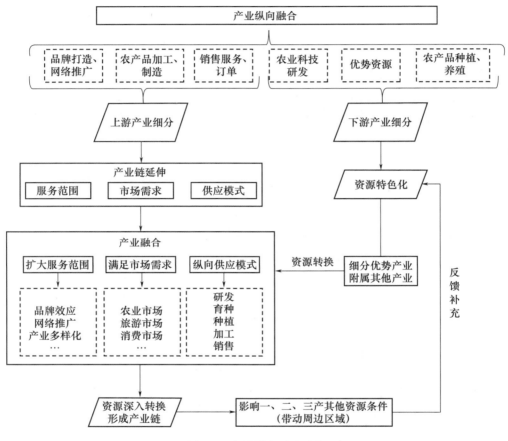

图 4-5 产业纵向融合路径

4.4.4 乡村产业循环发展模式

推动力弱、转换力弱的乡村由于市场需求的匮乏,这类乡村发展更强调重点突破,尤其是农业生产力的突破。通过多元化单项资源转换的融合项目,以点带面地带动周边区域附属产业与农业融合。单项融合项目选取农、林、牧、渔等资源潜力较高的产业,周边区域可以选择高产品附加值的依附型产业项目,构建循环生态链。循环生态链稳定后进一步投入工业、科技,将农业等产业进行废弃资源再利用,在增加农业产品加工深度的同时,也逐步提升资源转换率和市场吸引力,为后续一、二、三产整体融合做铺垫(图4-7)。

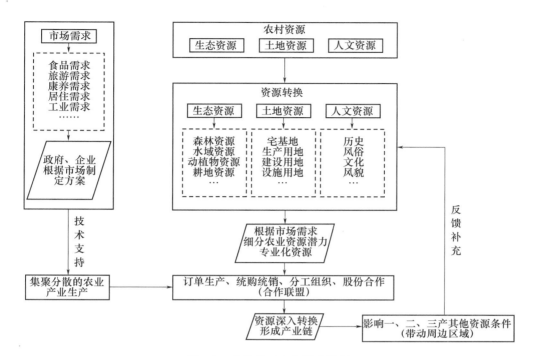

图 4-6 产业分工合作融合路径

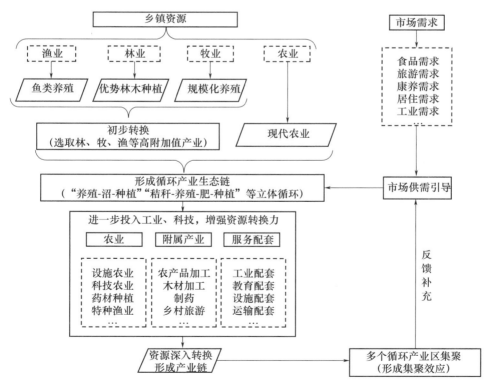

图 4-7 产业循环发展路径

5 乡村多业融合发展思路
——以乡（镇）级为例

5.1 基于乡镇单元的乡村产业空间响应逻辑

5.1.1 构建以乡（镇）域空间为研究范围的必要性

乡镇是中国城乡体系中的"乡首城尾"，是城市与乡村之间的纽带。乡镇自然而然成为城乡统筹发展规划中的重要战略节点。乡镇在农村经济和城市经济进化中的变迁赋予乡镇不同的地位和功能，从农业乡镇转变为农村工业乡镇，再继续转变成为城市乡镇。乡镇规划建设需要强调整体空间的完整性，对乡镇基础设施进行完善修建，一方面可提高居民的生活质量，有利于区域经济发展的便捷性，另一方面可更加方便地加强城市与乡镇的联系。

随着社会经济的快速发展，乡镇产业所受的冲击也较大，为了提高经济水平，乡镇结合自身的自然资源进行产业结构调整。就目前来看，乡镇产业趋向于经济最大化，且跟风现象比较严重，往往忽视了市场经济体系下的经济链条问题。对产业结构的调整缺乏系统的宏观认识，更多的是片面追求经济效益，对自身的环境和自身资源认识不到位，造成了产业结构的不明确、不合理。

5.1.2 城乡统筹背景下的乡（镇）域产业空间发展

城乡统一规划是一种在地域空间上的具有战略意义的规划举措，是一种针对城乡协调发展的手段，其具有综合效益。城乡规划在城乡发展上有越来越重要的地位，通过此举来达到城乡人口与各行业之间的配合，让城镇影响乡村，促使城乡统一发展。实施好城乡协调发展规划，组织实施好城乡各方面的设施，这样才能促使城镇与乡村之间更加协调且和睦地发展下去。促进城乡协调发展是关系到国家发展与社会稳定的重大问题，而城乡全域空间规划就是城乡协调发展的具体行动。

城乡统筹最重要的就是要了解并合理利用城镇与乡村空间，来实现利益最大化。国家让有条件的地区优先发展，带动落后地区进行改造和进步，政府优先实施能照顾大局的全面政策，尽可能让模范企业起到带头作用，有条理地规划城镇及乡村建设用地。城乡统筹建设也要兼顾到各个方面，杜绝浪费财力、人力和物力。

5.1.3　乡镇规划布局与乡镇产业结构的相互关系

通过对乡镇产业数据对比分析，划分乡镇的产业结构与产业布局，深入理解乡镇空间形态和规划布局的不同类别，进一步分析在不同的乡镇空间形态下的不同产业结构形式。同时，需要注意产业类型的转换决定了产业结构的变动这一关键要素，从而合理进行乡镇空间的布局。

（1）乡镇空间规划与乡镇产业规划布局具有先导性与互动性。乡镇空间规划引导乡镇产业空间布局，也影响产业发展方向。

（2）乡镇空间规划与乡镇产业规划布局具有现实的矛盾与冲突。产业发展目的在于因地制宜，充分开发周边的现有资源，通过追求最大利润率来扩大产业的规模，对产业进行合理布局来提高区域产业的竞争力。但相关规划往往对产业规划及产业发展只做了近期的规划思考，又由于乡镇空间规划要在人口发展情况、土地开发及确定的前提下来长远考虑，要做到平衡镇域资源，保障乡镇功能空间的稳定性和协调发展性，改善人居环境，因此城乡发展目标、规划期限和侧重点各有不同，这就可能产生发展的矛盾和冲突。

（3）乡镇空间规划与乡镇产业规划布局具有协调性与互动性。二者关系的协调实质上是指产业布局与乡镇功能空间的协调性，产业布局体现了乡镇各个功能空间的分工与协作，协调其功能互补，促进乡镇产业的良性发展，避免一个镇区内出现多个产业结构和服务功能同构同步而产生恶性竞争。乡镇空间功能体现了乡镇发展的整体效益原则和可持续发展原则，协调各个镇区内的建设行为和规划，促使乡镇发展速度和规模处于良性运行状态。

5.1.4　乡镇产业发展与生态环境的结构耦合

产业结构是构成国民经济的重要组成要素，具体是指各产业的内部构成以及不同产业间的联动和比例关系。一般而言，生态环境主要是指由生物群落及非生物自然因素所构成的整体。与一般意义上的环境含义不同，它包括了两方面内容：一是各种自然要素的组合；二是人类与各种自然要素间的生态关系组合。

在经济增长过程中，伴随着产业结构的不断演变，生态环境也会发生相应的变化，这种影响主要来自两个方面。一方面，从"质"的角度产生影响。产业结构是劳动力、资本、技术等生产要素分配的结果，这也决定了在经济系统中资源在各产业间的配置，因而产业结构对一个经济体的资源消耗强度和污染物的排放规模起着决定性作用。只有高级化、合理化的产业结构才能使资源高效利用，防止资源的积压浪费，降低生态环境损耗量，而不合理的产业结构会导致资源浪费、环境污染和生态破坏。另一方面，从"量"的角度产生影响。产业结构决定了资源的消耗数量，进而影响污染物排放。在三次产业结构中，第二产业尤其是工业占主要地位时，其生产使用的矿物燃料越多，消耗的能源和排放的污染就越多，环境压力也将随工业比重的增加而加重。而当第三产业占主要地位时，它不仅消耗资源少，还可以为工业生产提供技术服务，企业也通过改良生产设备和改进生产工艺，使工业的生产消耗和污染排放减少。

生态环境是经济发展的基础，能够为产业经济活动提供所需要的资源，一般而言，尤其是当人类在经济活动过程中排放出的污染物超过了环境自身的承载力时，将会严重制约经济发展的进程和质量，进而减缓产业结构优化调整的进程，从而导致乡镇陷入生态环境与产业结构恶性循环的怪圈。反之，优良的生态环境有助于加快推进经济的健康发展和产业结构的优化升级。优化的产业结构，在同等产出水平下将会排放较少的"三废"污染物，降低产业经济活动对生态环境的负外部效应。总而言之，产业结构与生态环境之间是相互制约、相互影响的耦合关系。只有在二者处于协调发展的状态时，整个系统的物质流、能量流、信息流等运转才是比较合理的，否则，将导致整个生态产业系统的结构和功能失调，阻碍经济发展。产业结构在进行优化调整时，要充分考虑到生态环境的保护，实现产业结构的生态化、合理化和高度化，降低污染物排放，提高资源利用效率，实现经济与生态环境之间的协调发展。

在产业发展过程中要严格遵循产业发展要求。农业方面要以发展高效农业和生态农业为主要目标，加强优化农业结构的调整和优化升级。在确保农业生态环境安全的前提下，依据区域的发展现状，加大力度发展产值高的经济作物。同样，在维护生态环境的前提下应加快区域畜牧业、林业、果业、蔬菜产业、花卉园艺业、养殖业以及农产品加工与服务业的发展，除此之外，还要大力发展观光农业和生态旅游业。

农业产业结构中以畜牧业为重心，应注重加大畜牧业的比重，压缩粮作比例；鼓励发展绿色、特色和名优农业产品，着力提高农产品质量；多方面拓宽农业功能，发展以休闲、采摘为主题的观光农业及相关产业链；建设以保护生物多样性和水源涵养为核心的生态防护林体系，巩固退耕还林成果。

工业方面利用清洁生产技术、资源高效利用技术、废弃物资源化技术和产业共生技术，对煤炭、电力、化工、冶炼、建材等产业进行循环经济改造，建立由循环经济型企业、循环经济产业链共同构建的工业清洁生产体系。建设清洁生产型企业，以煤炭、电力、化工、冶金、建材、医药、纺织等行业为重点，加快推行清洁生产审核。通过实施能耗、水耗定额管理和污染物排放达标管理，开展综合节能节水和废弃物综合利用技术改造措施，加强企业生产作业环境的治理，实现企业清洁生产。同时，工业建设也离不开循环经济型产业链，集中力量建设好钢铁、电力、煤化工、建材、食品加工等循环经济产业链也是发展的重要一环。

5.2　乡镇多业融合发展思路

5.2.1　乡镇级政府推进多业融合发展的优势与意义

5.2.1.1　乡镇级政府推进多业融合发展的优势

依据我国"国家—省（自治区、直辖市）—市县—乡镇"自上而下的 4 级行政体系，乡镇是我国的基层行政单位，且具备基本的行政班组（党委与政府）。依据《宪法》规定的乡镇行政职能，乡镇政府可对经济与行政工作中的重大问题做出决策，制定经济、科技和社会发展计划与产业结构调整方案，组织指导好各业生产，协调本乡与外地区的经济交流与合作，抓好招商引资、人才引进项目开发，不断培育市场体系，组织经济运行，促进经济发展。与此同时，乡镇政府制定并组织实施村镇建设规划，部署重点工程建设、地方道路建设及公共设施、水利设施的管理，负责土地、林木、水等自然资源和生态环境的保护等。

多业融合重点在于实现本土资源开发利用的最大化与产业经济发展效益的最大化，前者意在激活乡镇产业基础要素的内生动力（人、地、钱等），后者旨在构建构成更复杂、结构更稳定合理、收益更显著的产业单元。乡镇作为我国的基层行政机关，是转变低效传统型一产、承接污染型二产、内部服务型三产的集聚之地。对乡镇来说，切实制定多业融合的产业经济发展计划、实施产业结构调整方案、组织产业经营升级转型发展的"领头羊"作用是至关重要的。其对壮大农业主导产业，加快全产业链、全价值链建设，构建特色鲜明、布局合理、创业活跃的乡村产业体系，催生新业态、新模式培育产业融合主体，创新产业组织方式，增强乡村产业发展的内生动力起着积极的促进作用。除此之外，多业融合要求建立创新利益联结机制，把利益分配重点向产业链上游倾斜，促进农民持续增收，让农户更多分享乡村产业发展红利，这对国家持续助力脱贫攻坚都是极其重要的。发挥中央财政资金引领作用，支持贫困地区实施农业产业强镇建设，探索适宜贫困地区的乡村产业发展模式，助力脱贫攻坚则指日可待。此外，国土空间规划下的多业融合实体化建设必然要受到生态、粮食安全的刚性约束，产业经济的绿色可持续发展必须依靠乡镇主体的有序开发利用、有效监管修复等措施。

5.2.1.2　乡镇级政府推进多业融合发展的意义

多业融合是在经济、技术迅速发展大背景下，产业为提高资源利用率、生产率、竞争力而实现效益最大化的一种发展模式和产业组织形式。它对乡镇所产生的效应是多方面的，主要表现在以下两个方面：

1. 引导传统产业创新，推进乡镇产业结构优化，巩固产业脱贫成果

由于产业融合是传统单一产业与其他产业之间形成的"1+X"产业发展模式，为使"融合度"成为新技术、新产品、新服务间的"润滑剂"，主观上顺应市场变革趋势的同时，客观上应提高整个市场的需求层次。传统技术、产品或服务逐渐被市场淘汰，在整个产业结构中的影响力不断下降，为填补新产业与服务的空白，更多服务型新型产业部门会被催生演化出来，传统产业的生产与服务方式被改变，最终产业结构实现升级。随着外部技术、经济变化与内部市场竞争的不断影响，其合力作用下的市场结构会在变动中不断趋于合理化。此外，依据市场结构理论，在有限的市场容量下，各企业为追求规模经济形成的链式融合会导致分工生产的企业数目减少。但该过程中，竞合作用下的规模经济会扩大自身的竞争范围，打破原有区域竞争的平衡关系，出现暂时性的垄

断竞争甚至是完全竞争，直到有新的竞争力量出现，实现区域竞争的二次平衡，促使经济效率大幅度提高，最终实现产业脱贫。

2. 助推区域产业空间一体化发展

产业融合模糊了传统单一产业与其他产业的界限，高效分工、联合生产的产业互补、价值协同、相辅相成，形成互利关系，从而带来更大的经济效益。其提供了更多的就业机会，吸引大批劳动力回流，倒逼乡镇空间转型发展，释放土地产权，促进区域资源要素的流动与重组，提升了乡镇活力。再者，基于网络技术的变革，产业融合中的产业延伸、业务重组，区域经济的联系水平极大地提高，从而实现产业经济转移，打破了空间区域壁垒。与此同时，区域一体化极大地扩大了新生产业之间的贸易效应和竞争效应，强化了乡镇产业经济空间的服务扩散效应，提升了乡镇话语权，有助于改善城乡二元空间结构。此外，产业融合对周边区域产业发展的带动及其产业集群发展的格局也会产生影响，并导致三生空间的重组。

5.2.2 多业融合——乡镇困境突围的必然选择

5.2.2.1 乡镇构成肌理对标下的发展困境疏解

本书借鉴屠爽爽（2015）提出的村镇"要素-结构-功能"肌理构成，针对性地对各肌理层次下的乡镇发展困境进行疏解[1][2]。她提出：①在要素层，乡镇地域系统是由自然禀赋、区位条件、经济基础、人力资源、文化习俗等各要素构成的复杂系统。其中，地形地貌、自然资源、区位条件等自然环境要素构成区域农村发展的自然本底和空间载体，也是农村地域发展的基本支撑条件。由产业结构、发展基础等构成的经济要素通过路径依赖，在一定程度上决定着当前农村经济发展水平的高低和未来经济增长的潜力。当地政府、企业、能人、普通农户是农村发展的行为主体，行为主体通过发挥主体能动性可以突破发展瓶颈，使乡村形成波浪式上升的持续发展。其中，政府作为管理主体，在统筹规划、路径选择、资源调配以及沟通协调等方面发挥着基础性作用。②在结构层，乡镇地域结构系统是一个由各要素交互作用构成的开放系统，不断与其他乡村地域系统以及外部的城市系统发生物质和能量交换。从结构上来讲，农村地域系统包括内核系统和外缘系统、主体系统和客体系统。其中，内核系统由自然资源、生态环境、经济发展和社会发展等子系统组成。外缘系统主要包括区域发展政策、工业化和城镇化发展阶段等方面。客体系统由自然禀赋、区位条件、经济基础等影响区域农村发展的客观因素构成。主体系统由当地政府、企业、能人、普通农户等地方行为主体组成。地方行为主体通过整合客体系统内部的各相关要素，促使农村发展内核系统与内部各子系统之间协调发展，及其与农村发展外缘系统之间不断进行物质流、能量流和信息流交换。通过

① 屠爽爽，龙花楼. 乡村聚落空间重构的理论解析［J］. 地理科学，2020，40（4）：509-517.
② 屠爽爽，周星颖，龙花楼，梁小丽. 乡村聚落空间演变和优化研究进展与展望［J］. 经济地理，2019，39（11）：142-149.

系统结构、功能逐渐优化，融合产业形成了区域农村发展的驱动力。③从功能层面看，地域具有生活功能、生产功能、生态功能和文化功能，乡镇地域系统的要素组合和结构状况一定程度上决定了农村地域的功能属性和功能强度，并制约着地域功能演化的方向与趋势。随着农村地域系统要素的整合、结构的优化，以及系统外部环境的变迁和社会需求的驱动，农村地域功能不断发生着演化。

在上述研究基础上，本书结合上文内容，将基于乡镇构成肌理下乡镇发展困境的原因归纳为以下三种：要素层面上，产业梯度分布较低，城市能提供更多的非农工作机会，从而吸引了大量的乡村劳动力，又因城市地少人多，乡村地广人稀，贫富差距拉大，社会分异问题日趋凸显。产业层面上，产业经营孤立分散，效益低，转型难度大，产业结构单一，资源缺乏，如"旅游＋"等内生型新兴产业欠缺兴起的基础条件。生态压力大，制造业等外援型企业难以符合准入要求，整体陷入"囚徒困境"，产业发展出路受限。空间建设层面上，产业空间外溢，规划失效，"重城轻乡"人治模式下乡村产业空间破碎无序，城乡二元空间矛盾激化。综上所述，以资源要素产业化，产业空间实体化为关键的乡镇产业发展困境突围必须推进乡镇"要素-产业-空间-功能"的关联协调发展（图5-1）。

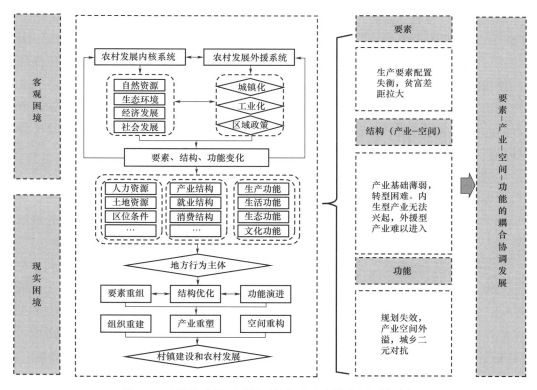

图 5-1　乡镇构成肌理对标下的欠发达乡镇发展困境疏解

5.2.2.2　困境突围下的路径选择——多业融合

基于上述研究分析，本书提出以多业融合作为乡镇发展困境突围的根本路径。多业融合是指打造多业态产品体系，三产融合、多业并举的产业转型升级发展模式，对标乡镇发展困境，其融合效益为破除以人地脱钩为典型的要素空间异位问题，以实现城乡产业资源要素的优化配置。多业融合还可以通过依托优势资源延长产业链、拓展新功能、应用新技术等产业重塑路径推进产业一体化，引导城乡产业空间重组推进城乡空间一体化发展的路径实现。通过生产、生活方式彰显城市发展价值取向，更好地推进城市功能一体化发展。这与"要素-产业-空间-功能"关联协调发展的突围思路不谋而合，详述如下。

1. 要素：实现"人-地-钱"资源要素的优化配置

产业是资源要素的集大成者。长期以来，人（包括经营主体、投资主体、技术主体、劳动主体、地权所有主体等在内的生产者；境内外的消费者）、地（二级市场来源地）、钱（个人投资、社会集资入股、政府扶持等资金）三者在城乡之间分布的不均衡、配置的不对等是束缚乡镇产业发展的根本问题。农业主导的产业经济效益低下导致乡镇劳动力流失，农用地无人耕作，大量用地闲置。而本级政府低门槛引进低端二产，污染严重，受上级政府筛查，使企业筹资难度加大，乡镇产业发展要素陷入人、钱、地脱钩的"囚徒困境"。在上述问题导向下，乡镇产业空间范畴下的多业融合首先强调人口结构的融合调整，如产业吸引"能人回乡、企业兴乡、市民下乡"，放开户籍制度，增加人口的流动性，聘请乡贤能人引导村组村民就地创业，提供更多的就业机会，促进劳动者增收致富，吸引城市市民下乡消费，增加地方活力等。其次，强调闲置农用地，闲置山、水、林、田、湖、草等自然资源用地，社会历史人文资源用地等，并将区位优势资源用地盘活与效益最大化，进一步规范土地二级市场，加快农地流转，进一步落实乡镇产业用地供给，加强产业空间的可获取性与可建设性。最后，强调在以农民主体、市场主导、政府引领的"农户＋村组＋合作社/公司＋乡镇"经营模式下，多路径的社会筹资建设对资本回流的引导与深远影响①。

2. 产业：多业态的交叉融合发展

个体散户经营模式是乡镇产业经营的主导模式，特点为一产主导、结构单一、规模小、机械化程度低，且其物流、仓储、中转成本高等。因其特点，单一的产业服务供给导致效益进一步降低。而早在 19 世纪，日本就将"三产融合"描述为"1＋2＋3＝6"与"1×2×3＝6"的"第六次产业"，即以传统一产为基础，延伸产业链，向粮食加工、粮食销售延伸，建立特色化农产品"生产-加工-销售"链式供给，或以传统一产为衬托，拓展新功能，发展农家乐、共享农庄、康养地产等模式的旅游、康养、医疗产业②。故多业融合必然强调以一、二、三产打"组合拳"的方式，扩大产业经营的规模化、集聚化效应，降低中间运作成本，建立乡镇产品品牌，进一步扩大乡镇产业经济效益、扩大乡镇服务能级。

3. 空间："生产-生活-生态"的空间管制

自"粮食安全""生态安全"成为国家两大安全隐患以来，国家先后采取划定"18 亿

① 郭珍，郭继台．乡村产业振兴的生产要素配置与治理结构选择［J］．湖南科技大学学报（社会科学版），2019，22（6）：66-71．

② 江泽林．农村一二三产业融合发展再探索［J］．农业经济问题，2021（6）：8-18．

亩永久性基本农田红线"，建设粮食供给维稳保底"高标准农田"和出台"国家公益林管理办法"等系列举措，以确保 14 亿中国公民基本粮食供给和生态空间维稳的刚性指标。乡镇作为城市的"绿肺"，其土地大部分在国土空间区划中划入"限制建设区"，受高门槛的"准入条件"限制，生态优先、绿色发展成为乡镇产业建设的第一发展理念。与此同时，国土空间规划下如火如荼的"集村并点"活动则进一步强化乡镇生活空间的集约化、集中化引导。在此背景下，乡镇产业空间建设活动对乡镇用地有一定的激活作用，也会引起支撑生产经济活动的生活空间反馈建设活动，进一步影响生态安全格局。因此乡镇空间范畴下的多业融合必然要求生产活动导向下的"三生空间"融合发展、和谐相处①。

4. 功能：城乡功能及空间的全域统筹

长期以来，经济建设发展的城市倾向性，使得城市空间摊大饼式向外扩张，其外溢效应严重压迫近郊乡镇空间。城市成为为居民生活及生产提供服务的"活力集聚地"，乡镇则成为稳定生态指标的"空心荒漠区"，接踵而至的就是因集聚、增量扩张引起的"城市病"与老弱化、空心化导致的"乡村病"并发。解决城市病首先需要有序引导乡村振兴，其关键在于产业振兴，因此乡镇空间范畴下的产业规划必须从源头上明确乡镇为城市提供粮食供给，休闲、养老服务供给和手工业、工业生产供给的职能，在大区域失衡的城乡关系中探寻乡镇的产业生存之道。同时，以产业经济发展引导城乡从区域同质化的零和竞争向"需求-供给"的互补合作转变，正向加强城乡功能，强化城乡和谐统一的正和效应②。并通过识别乡镇产业资源优势，就地创业，引进企业，调整产业结构，引导相关产业规模集聚，转型发展来实现产业空间上的全域统筹。

5.2.3 推进乡镇多业融合发展的基本要点

1. 明确定位，因地制宜

多业融合应该加强对乡镇地理区位的重视，明确所在区域的市场需求，挖掘潜在资源优势，因地制宜地选择农作物和适宜开发的旅游产品等。在强化自身职能、弱化与城镇同质化产品竞争的同时，着力发挥优势资源的主场优势，降低产品开发成本与风险，走特色化之路，提升同等职能乡镇市场竞争力。此外，挖掘市场潜力、弥补市场短板要与创新相结合，主动引导市场消费。即从多业融合产业体系开发的视角做宜农则农、宜旅则旅的特色化配套服务产业集群，才是在经济市场开拓型乡镇产业融合的第一要义，也是真正做到趋利避害，提升自身存活率、强化市场竞争力、做大产业经济的根基。在此基础上，乡镇应顺应市场经济与技术创新驱动下的产业融合发展趋势，逐步带动兼容性强、融合性好的产业集群发展，形成生产力合理配置、效益更高的多产融合乡镇经济发展局面。除此，乡镇产业应拓展新业态，进一步丰富产业体系，提供更多的产品与服

---

① 程莉，文传浩. 乡村"三生"绿色发展困局与优化策略［J］. 改革与战略，2021，37（1）：82-89.

② 熊鹰，黄利华，邹芳，等. 基于县域尺度乡村地域多功能空间分异特征及类型划分——以湖南省为例［J］. 经济地理，2021，41（6）：162-170.

务。反之，这一发展模式为以产业空间调控为切入口的乡镇引导三生空间协调发展提供了新思路。

2. 盘活要素，增加内生驱动力

要素是"多业融合"的最小单元。长期以来，乡镇产业经济的发展均以消极被动的态势承担着城市产业的"外溢空间"职能。目前，乡镇产业经济发展问题无法从根本上解决，城乡贫富、城乡空间二元的差距依然明显。此外，城市病的根源在于乡村病，即城市的拥挤、高密度不仅仅在于道路宽度、楼层高度的不合理设置，而更多的是因为乡村人口流失后给城市道路、居住环境带来了新的压力。由此说明：一是"外援型"乡镇产业经济发展的路径是行不通的，GDP导向下的乡镇政府与低地租成本驱动下的开发主体失去了制衡其共同利益追求的力量，而忽视了生活、生态质量。二是乡村产业振兴、经济发展才是吸引人口回流、恢复乡镇活力的正道。综上所述，激发乡镇产业发展内生动力、盘活产业要素是多业融合下产业经济发展的关键。多业融合强调以产业经济的发展推动人、地以及钱等生产要素的优化配置，旨在为乡镇产业发展营造良好的社会经济与政策制度环境，确保农村经济发展动力不断地提升，为农村经济发展水平的提升奠定坚实的基础，实现产业振兴"自救"之路。

3. 产业协调集聚发展

多业融合的重点强调了产业空间集群与经济融合发展。一方面，为保证多业融合系统构架的稳定与高效运作，要加大对三产融合的重视，确保一产到三产自下而上的升级型融合，转变传统农业主导型产业结构。同时，也注重三产到一产自上而下的多元型融合，丰富完善产业业态与产业体系，创建更复杂高效的产业融合系统，以融合作为手段，扩大市场需求，双向催生市场产生更多的产品与服务，提供更多的就业岗位。另一方面，在延伸产业链、拓展新功能，引导产业交叉融合发展的基础上，应注重创新，以价值协同为突破口，实现绿色可持续发展的循环农业。同时，以技术创新为切入点，发展立体农业、智慧农业，以文化为卖点，发展康养旅游地产或衍生出新的文创产品。这些产业融合的新思路，其根本目的在于打组合拳，提高经济效益。

5.2.4 推进乡镇多业融合发展的总体思路

产业最终的落地成型离不开实体产业空间的建设，产业劳作者居住空间的集聚进一步导致服务设施及生态空间的趋附，进而形成"生产-生活-生态"空间微点系统，从而在全域产业空间的统筹下建设引导一个个这样的点构建成单极核、多极核以及点轴、网络空间的过程。基于此，本书提出"资源-产业-空间-功能"耦合协同下的乡镇一体化发展思路，即以多业态融合实现人口、产业、空间、功能的四大融合，产业、空间、功能三大一体化发展的总体思路[1]（图5-2）。

① 夏梦婷，徐文辉. 乡村产业融合的要素协同评价与规划策略研究［C］//面向高质量发展的空间治理——2021中国城市规划年会论文集（16乡村规划），2021：708-717.

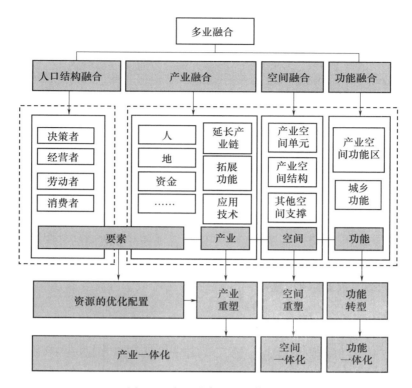

图 5-2　多业融合发展总体思路

1. 人口结构融合

乡镇建设的过程是影响其发展的各要素在"人"的主导作用下相互耦合、相互协调作用的过程。其中，人口、土地、产业作为影响乡镇农村产业发展的 3 大要素，它们之间的关系是相辅相成又相互制约的。而"人"作为最具有主观能动性的要素，其融合发展是必然选择。一方面，乡镇人口的回流和人口结构的融合是实现多业融合的重要前提。一定数量和质量的人口不仅为产业发展提供智力（技术）支持，同时会最大限度地发挥市场的要素配置作用，其也是研发新型产业业态、组织新型经营的主体。此外，地方行为主体（决策者）还通过组织、协调和示范作用，干预土地利用的行为，为现代农业的发展和非农产业的培育提供空间场所。而另一方面，多业融合下的产业发展则对人口非农化、土地利用方式转变以及村镇自我发展能力的提升等均有重要影响。产业发展的直接影响是拓宽了农民的就业渠道，提升了村镇的经济实力，吸引大量外出务工劳动者就地就业、创业。被吸引的大量消费者、企业集聚前来入驻，乡镇通过劳动力的非农转移进一步释放土地潜力。

综上所述，多业融合下的产业经济发展势必对乡镇及农村人口结构产生较大影响。政府主导下多业融合的经济发展政策制度的制定，提出了在生产端应鼓励政策、经营、劳动于一体的复合发展，培育"村镇＋企业/合作社＋村组＋村民"的新型经营主体，并通过招商引资发展新型产业业态，进而转变乡镇产业经济发展结构，创造更大的经济效益，吸引大批劳动者回乡就业，实现在销售端以产业经济发展吸引大批城市居民回乡消费的局面①。同时，产业及劳动力转移也帮助解决了乡镇空心化、老弱化等人口活力不足的问题。

2. 产业融合

乡村振兴的关键就是产业兴旺。长期以来，以农地为根本依托的传统农业占乡镇产业中的主导地位。但近年来，新一轮科技革命和产业变革蓬勃兴起，新的发展环境对我国乡镇产业发展具有巨大的激活作用。乡镇产业融合发展主要强调以下三个方面：

一是乡镇内部的产业融合，通过"农业＋""旅游＋""互联网＋"，农旅融合、文旅融合等手段，构建家庭农业、共享农庄、田园综合体、特色小镇的产业融合形式。或以农业为基础，拓展农业的休闲、体验、观赏等性能，依靠要素优化配置、技术交叉渗透、制度适时创新，引导构建多元的经营主体，模糊各产业之间的界限，形成产业链条完整、产品功能多样、产业业态丰富、利益主体联结紧密的产业融合新格局。同时，其从根本上助力创造了农业附加价值，带领农民致富增收，强化农村活力，促进"三农"问题的解决。

二是推动城乡产业融合发展。改革开放特别是党的十八大以来，我国在统筹城乡发展、推进新型城镇化方面取得了显著进展，这进一步为促进乡村振兴和农业农村现代化奠定了坚实基础。当前，推动工农互促、城乡互促，实现优势互补、互利共赢，已经成为城乡融合发展的重要一环，也成为实现乡村产业兴旺的重要突破口。

三是重视乡村产业振兴与精准扶贫的融合推进。助推乡村振兴的根本目的是带领农民致富，而目前处于脱贫攻坚的关键节点，以产业振兴为政策指引政府、企业给农民提供更多的就业岗位，引导贫困村、贫困户产业脱贫是当下乡村振兴的重点工作。因此推动乡村产业振兴应与积极探索精准扶贫发展的路径相结合，立足深度贫困地区和贫困群众的现实困境与需求，发挥龙头企业、能人的带动作用，根据自身区域特色，宜农则农、宜工则工、宜商则商、宜旅游则旅游，因地制宜地完善产业体系。同时，以产业融合为路径实现本土产业经济效益的最大化，最终实现脱贫攻坚与乡村产业兴旺的双赢格局。

3. 空间融合

土地是产业发展的空间载体。长期以来，农村土地制度经历了"农民所有、个人经营""农民所有、集体经营""集体所有、集体经营""集体所有、家庭承包经营"这4个阶段②。在原有"两权分置"基础上实现"三权分置"这一经营权的分离，标志着我国土地制度正式进入"集体所有、家庭承包、多元主体经营"的5.0版本。新的土地管理制度，必然对土地空间的开发利用、经营管理提出新的要求。一是多业融合下的产业

---

① 冯贺霞，王小林. 基于六次产业理论的农村产业融合发展机制研究——对新型经营主体的微观数据和案例分析［J］. 农业经济问题，2020（9）：64-76.

② 夏飞龙. 中国农村土地制度变迁的博弈分析［J］. 山西农经，2021（23）：19-21.

发展倒逼低效用地整治、推进土地流转和适度规模经营，为现代农业发展和非农产业培育提供空间场所，实现产业空间单元的小规模融合。具体体现在明确经营主体的地位和角色，切实保护和支持其在土地流转、提升用地效率、改善农业生产条件、开展土地经营权抵押融资等方面所需的各项权利上。为推动经营权流转，健全完善土地流转的法律规范和管理制度，各地应积极出台有关财政金融、信贷保险、用地规划、项目扶持等方面的细化政策措施，科学控制用地的速度和规模，引导土地经营权公开、公正、规范流转交易。同时，在保护农户承包权益的基础上，赋予经营主体更多土地经营权。二是以多业融合为手段助推城乡空间融合。多业融合以农地整治为基础手段实现城乡产业空间的重组，强调乡镇产业经济高效发展、农民致富增收、缩小城乡贫富差距。同时，其还强调了生产、生活配套设施的完善，强调健全农业社会化服务体系，大力保障农民财产权益，改善农民生活质量。多业融合还应以土地整治为抓手，从政策制定、产业发展、基础设施服务配置，以及空间上助推城乡一体化融合发展。三是三生空间融合发展，以多业融合发展为导向的土地整治势必激活乡镇闲置的农地价值，导致产业空间的重组，长远来看，将引起生活、生态空间的滞后反馈，从而助推乡村生活、生产、生态和文化空间重构。因此以产业空间布局为基础的三生空间需要有长远考虑，以更好地助力三生空间融合协调发展。

4. 功能融合

区域功能融合是产业"关联-共生"的关键。产业经济是彰显区域功能的显著标志，长期以来城乡经历了缺乏市场交换的城乡分离以及强调经济偏好的城市主导阶段，目前产业经济正迈向体现城乡关联互惠发展的城乡互动阶段。城市中心在长期占据主导地位的情势下，形成了以乡村剩余劳动力转移为代表的要素单向流动的形式。为打破这种局面，多业融合必须做出一定的规划补偿，即在多业融合助推的多元交互格局下，区域空间主体应具有差异化或层级化的获益行为与贡献能力，如平衡城市现代化信息服务与乡镇粮食及配套服务供给的获益水平。区域功能融合应明确城乡职能，遵循"利益协调-产业融合-服务均衡"的基本模式，推动城乡产业、空间、功能融合，构建契合其功能的产业体系，实现要素流的双向互补流动。此外，多业融合也强调小范围区域的产业特色化发展，强调小范围区域的产业开发比较优势、产品供给市场定位、产品销售目标范围、打造宜业即业、宜游即游的与区域区位、区域市场需求相匹配的产业融合体系，以促进小范围产业经济竞合发展。

5.2.5 乡镇多业融合发展的路径框架

1. 总体框架内容及关系

本书在上述乡镇基础困境研究、多业融合方式研究以及乡镇多业融合发展思路研究的基础上，聚焦乡镇提出"1-3-1"的乡镇多业融合发展路径框架：前一个"1"为"乡镇产业-空间耦合模式"；"3"为支撑发展的3个方面策略，即系统性综合评估把脉乡镇发展，资源环境保护与设施配套保障乡镇运行，土地制度与运营组织激活乡镇开发建设动力；后一个"1"为多业融合发展的乡镇产业体系研究。其总体框架如图5-3所示。

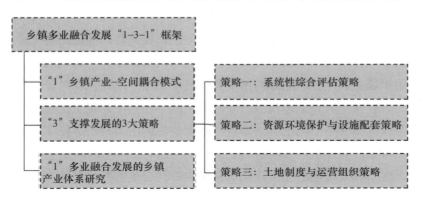

图 5-3　乡镇多业融合发展的路径框架

如图 5-4 所示，上述"1-3-1"乡镇多业融合发展路径框架所包含的内容并非是递进关系，而在"产业-空间"耦合关系下，多业融合在资源要素的比较优势开发与根植作用下进行产业空间重组，实现经济发展困境倒逼产业空间重构的复杂过程。即在产业经济及空间层面上实现资源要素 资源要素空间－－－－产业空间（资源要素产业化）到 资源要素产业化－－－－产业上多业融合（空间重构下的产业重组），最终到 产业上的多业融合模式－－－多业融合体系空间承载（产业重构下的空间重构）的转化过程。其中包含两大要点：

一是产业（资源）要素是决定乡镇产业类型的第一因素，其空间格局是多业融合路径实体化建设的第一抓手，所以第一个"1"是乡镇"产业-空间"耦合模式研究。

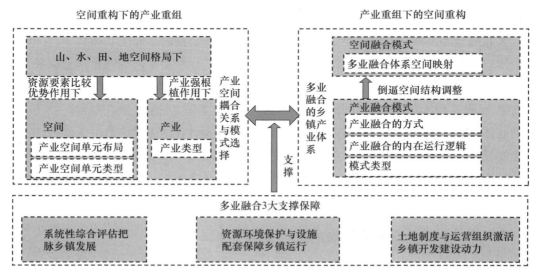

图 5-4　"1-3-1"框架的内在逻辑关系

二是"产业-空间"耦合下的多业融合体系建设是多业融合发展导向下的空间转型发展，多业融合作为该过程中的助推器，其体系模式研究是关键，因此第二个"1"是多业融合的乡镇产业体系研究。而3大策略以资源要素的识别与转化、资源环境的保护与基础设施配套和土地整治与运营管理为多业融合路径提供支撑保障。

2. "1"为"乡镇产业-空间耦合模式"

根据上述"1-3-1"框架内在逻辑关系的概述可以看出，本书所提的空间重构是产业重组下的空间重构。其中包含着一个论证关系：多业融合是推进产业与空间融合的途径，产业与空间耦合发展是保障多业融合的基础。在该逻辑下实现以多业融合发展拉动地方经济增长为基本出发点，产业要素强竞争力与强根植性下的就地产业化与实体化建设是多业融合推进的核心发展思路。因此，结合第3章相关内容的分析可以说明，以需求、资源特征类型和转换力为产业关键要素，其空间区位和山、水、林、田、地的空间格局决定了乡镇产业类型。在此基础上，本书以空间区位作为切入点，划分乡镇类型，耦合产业要素，展开乡镇多业融合模式设计，进行产业-空间耦合类型设计基础研究。

3. "3"为支撑发展的3个方面

3大策略是多业融合路径建设的基本支撑保障，从发展（把脉）、保底（保障）以及运营（盘活）三个层面，着眼多业融合发展过程中解决三大主要困境，谋求多业融合的平稳发展。其中，把脉讲究国土空间规划下资源要素的全域统筹和资源效益最大化下的资源转化，为乡镇培育新的业态，为多业融合体系模式的构建提供可能选项；保底强调保护和设施配套供给，在拉动经济增长的同时，坚守生态即粮食安全底线，并为产业实体化建设提供配套辅助；盘活强调土地价值和管理运营，重在探索产业融合体系中的利益关联机制，以农地整治入股作为激活闲置农地价值和巩固产业经营"农民主体"地位的关键，实现传统散户经营到规模化多元主体经营的转变。总体分析，产业融合应从产业资源开发存活（资源）、产业融合发展（产业效益）、企业经营管理（人）、产业空间承载（土地）、产业基础设施建设（配套服务）、产业建设瓶颈（生态）等方面实现多业融合的多主体、全方位保障。

4. "1"为多业融合发展的乡镇产业体系构建

多业融合发展的乡镇产业体系构建是产业重组的集合，是产业要素在不同空间格局下产业经济的集群表征。它不是乡镇全域产业的融合，而是指单个项目或者多个项目"1＋X"产业组织模式。本书结合乡镇产业体系及其类型研究，根据产业融合方式、融合模式及运行机理三大划分逻辑，提出了四大乡镇多业融合体系。

5.3 乡镇"产业-空间"耦合关系及其效益

5.3.1 "产业-空间"的耦合类型设计

综上所述，"产业-空间"耦合下，产业要素的2个方面与空间要素的2个方面有很大关系，如布局偏好特征的供需推动力与地理区位空间关联，资源转换力与空间格局共有资源客体。且前者以供需推动力为第一位，后者以地理区位为第一位，在以空间作为规划建设实体抓手的多业融合建设路径上，形成了如图 5-5 所示的以地理区位为主导要素的多业融合模式设计思路。

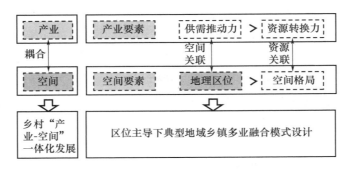

图 5-5　乡镇多业融合模式设计思路

在此基础上，本书以空间为划分（图 5-6），以地理区位为第一位划分依据，通过地理区位主导下的乡镇产业要素空间格局分析（山水资源导向下的乡镇空间格局划分：山区、平原），将乡镇"产业-空间"耦合模式分为以下 3 类：

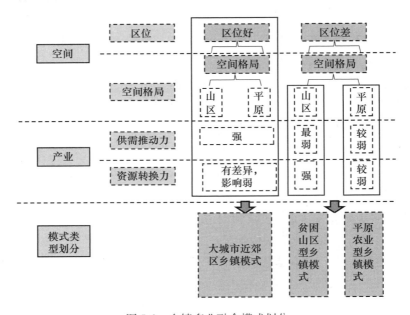

图 5-6　乡镇多业融合模式划分

大城市近郊区乡镇：此模式具体针对围绕大城市周边区县的乡镇展开，资源类型及优势与大城市差别不大，其受大城市市场竞争影响，产业发展转型升级困难。但在该区位下的乡镇同样受巨大的经济辐射带动，大多成为大城市旅游休闲、粮食供给、养老医疗、工业配套等服务型产业的集中承接地。

平原农业型乡镇：此模式针对距离大城市较远，且以平原和部分丘陵地形地貌特征为主的乡镇展开。由于市场需求小，且山水等资源优势不明显，无法发展效益更高的旅游业，而以小规模的、自给自足的传统农业经济为主。但地形优势下的规模农业一经开发，将可能以较低的市场竞争较快占据该片区市场。

贫困山区型乡镇：此模式主要针对距离大城市较远，且山路崎岖、交通不便的欠发达乡镇。由开发建设以及运输成本较高、建设用地紧缺且生态压力大致贫，但山水造就的旅游资源与乡村风貌将是乡村旅游的最大卖点。

5.3.2　大城市近郊区乡镇"产业-空间"耦合模式

5.3.2.1　大城市近郊区乡镇"产业-空间"耦合模式选择思路

城郊融合类乡镇与城市在人流、货流、信息流、资金流等各类要素的交换方面占有更多优势，如生态环境、政策偏好以及交易成本方面利好。该背景下，基于"产业-空间"耦合关系，地理区位及供需推动力联动控制下的近郊区乡镇致贫的症结在于"产业"以及"空间"抓手上的第二位要素——资源转换力与空间格局的问题，这也是资源要素的两大属性：类型与布局。本书提出资源空间布局（格局）导向下的大城市近郊区乡镇类型划分：山地型、平原型以及山地-平原兼具型乡镇，并对其产业空间耦合模式展开研究。

本章研究采用控制变量法，探究了空间主导模式选择下的总思路，实现了地理区位-供需推动力的耦合控制，在进一步聚焦近郊区乡镇的基础上，以资源的空间格局（山、水、田、地）作为细分近郊区乡镇类型的依据，实现了 4 大要素中 3 大要素的控制。基于此，唯一因变量锁定为影响 3 大类近郊区乡镇"产业-空间"耦合模式的选择结果，即资源转换力，而细究其属性中束缚产业空间类型的因素，确定资源转换为产业的意向与产业空间融合的方式（图 5-7）。

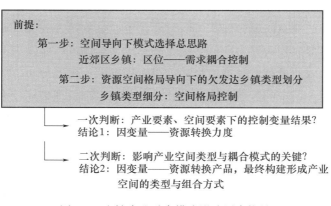

图 5-7　乡镇多业融合模式影响因素推导

5.3.2.2　大城市近郊区乡镇"产业-空间"耦合模式细分

挖掘"产业-空间"耦合下的乡镇产业内生驱动力，首先要考虑的便是在资源禀赋充足的条件下，将资源比较优势发挥到最大，劣势短板弥补到最短，因此综合分析近郊区三类乡镇的资源优势可以形成以下三类耦合模式选择：

1. 近郊区山地型乡镇耦合模式选择——农旅统筹型＋职能综合型

大城市近郊区山地型乡镇最大的资源禀赋即山水资源，在以生活就业为中心职能的大城市，巨大的短距离旅游服务诉求无法在城市公园得到满足，因此，基于近郊区巨大的区位优势，发展市场需求驱动型、山水资源导向型旅游业是其最大的卖点。但山水资源过剩也会为此类乡镇产业空间承载与生态格局维护带来巨大的压力，城市外溢产业空间无处进行大规模承载，配套基础设施无处供给；地形导致的耕作技术难度加大，小规模传统农业难以转型。因此利弊权衡下近郊区山地型乡镇只能以"小规模农业＋旅游业""小规模农业＋农业加工＋旅游业"的形式谋求旅游主导的"旅游＋"产业经济发展模式，发展林果种植、加工、销售，观光度假，休闲体验以及农家乐等业态，综合起来即农旅统筹型与职能综合型。

2. 近郊区平原型乡镇耦合模式选择——现代农业型＋职能综合型＋协作分工型

大城市近郊区平原型乡镇排除区位利好，最大的优势就是地形，该地形下城市外溢产业空间的建设难度较低，其可为城市提供大量的配套产业空间，也为农业的规模集聚、机械化、现代化推广降低了门槛，且让城市的交通出行更便利。但是地势过于平坦也会导致其特色缺失、山水资源缺乏、村庄建设以及产业发展趋同，恶性竞争力大，在生态、粮食安全得以保证的情况下，产业发展应趋利避害。此类乡镇适宜以设施农业、农业＋农业加工＋体验型旅游，以及其他配套服务组团等形式发展精细化农业、定制农业、农业加工、体验型农业以及配套产业等，即现代农业型＋职能综合型＋协作分工型。

3. 近郊区山地-平原兼具型乡镇耦合模式选择：现代农业型＋农旅统筹型＋职能综合型＋协作分工型

大城市近郊区山地-平原兼具型乡镇综合了上述两种乡镇的优势，同样兼具它们的劣势，因此，四类产业空间耦合模式可同时存在于此类乡镇。但其产业经济也受劣势的束缚与牵制，很难形成较大聚力，打"组合拳"成为其促进产业发展的基本路径。其中以协作分工型产业效益最高，也最为强势，很大程度上，梯度分布下的该产业会大量聚集于乡镇且最靠近大城市的区域，这类布局对乡镇的生态机理破坏较大，需政府设置底线划定＋功能准入＋用地指标"刚性＋弹性"相结合的方法，引导该类产业的布局，实现产业的可持续发展，以及产业空间与生活、生态空间的和谐共融。

5.3.3 平原农业型乡镇"产业-空间"耦合模式

5.3.3.1 平原农业型乡镇产业空间布局研究

关于平原地区产业空间布局模式的研究目前已相对成熟，其中，产业空间结构演化模式总结为以下5个阶段（图5-8）。

（1）散点模式。由于地势平坦、交通便利，而且相比发展规模农业、工业的经济效益更大，所以城镇周边的产业用地分布较分散，布局较随意，景观节点非常少。

（2）散块模式。随着城市化进程的不断推进，人口不断向城镇聚集，城市建设用地不断扩张，新的系统配套或近郊旅游节点会进一步萌生，而原有产业的影响力会进一步扩大，形成扩散区，构成散块模式。但该阶段产业经济发展处于快速上升期，竞争多于合作，各产业空间的联系并不强。

（3）条带模式。区域内中心产业空间的极化作用和累积循环作用出现，中心区域的中心作用得到巩固，乡镇在完成极化作用之后又沿交通轴线向周围强力扩散其作用力，使产业沿交通轴线地带得到了很好的开发，由此形成了产业发展轴线，产业节点间的合作联系已经发生。该阶段合作意识的增强和产业空间的服务设施配套也日渐完善。

（4）团块模式。此阶段产业空间布局相对发达，由于各等级城市产业影响力大大增强，沿发展轴线的辐射作用力变得很强，使得区域产业间紧紧抱成团状。这时由条带状的定向发展向城乡发展轴带迈进，即区域产业经济扩散作用不再主要体现为高等级向低等级扩散的过程。

（5）板块模式。板块模式是在团块模式的基础上，通过合理的规划与管理建立起来的。铁路客运专线及城际铁路的通行、高速公路网络化的发展使得远距离的低等级产业空间建立起了合作关系。乡镇通过产业发展轴线向彼此扩散影响力，而且正负中心产业空间以及不同等级城市间建立起区域合作，并形成了良好的互动机制。

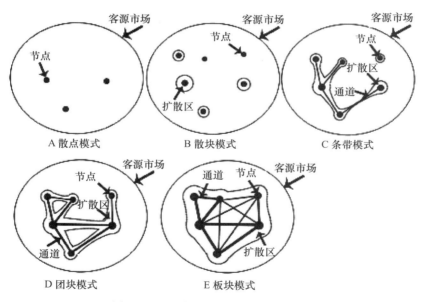

图 5-8 平原农业型产业空间组织演化

5.3.3.2 平原农业型乡镇"产业-空间"耦合模式细分

平原农业型乡镇主要指传统农业贫困乡镇，农业低效发展是此类乡镇致贫的关键原因，因此以农业的转型发展为突破口，在上述产业空间布局演化模式下，产业空间会形成如图5-9所示的产业空间耦合模式类型。

现代生产销售一体主导型：此类乡镇产业转型升级的方式即典型的产业链延伸型，其以技术创新、规模化发展扩大农业经济产值。其乡镇中心为农业服务型，在提供基本乡镇行政服务职能的同时，也是农业商贸的集中交易所在，农业销售、包装加工以及物流仓储功能主要汇聚于此。而其他组团则分别是以农业规模机械化生产为主的农业生产组团与农业加工组团，以及个别小规模的农业旅游组团，基本构成一个完整的由农业主导的"生产-加工-销售"一体化运作的经济空间单元。

农旅观光服务型：此类模式是山水资源欠缺下的平原农业型乡镇在创新性业态拓展中，可能会出现的一种以特色农业，如竹林、玫瑰园等为吸引物的农业旅游模式，结合亲子游戏、婚纱摄影、蔬果采摘等人文活动，产生的一种"无中生有"型乡村旅游模式。

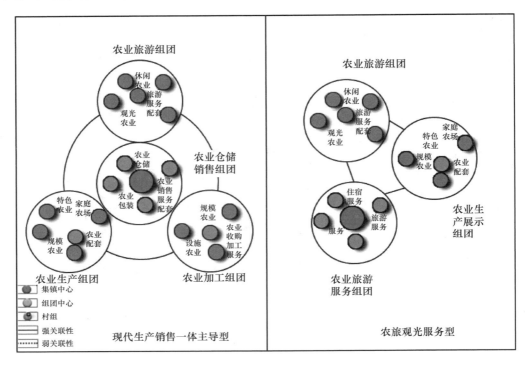

图 5-9　平原农业型"产业-空间"耦合模式

5.3.4　贫困山区型乡镇"产业-空间"耦合模式

5.3.4.1　贫困山区型乡镇产业空间布局研究

有关山地城市空间结构研究多是从城市规划、资源利用、生态保护等角度展开，然而，关于山地城市产业空间结构的研究却较少。重庆学者黄光宇教授从生态保护的角度，研究了重庆等典型山地城市的空间结构发展演变模式，提出了有机分散与紧凑集中、多中心组团结构等6条基本原则和规划思想用以指导山地城市的规划与建设。在分析利用我国典型山地城市整体规划案例的基础上，归纳得出多中心组团型、环湖组团型、长藤结瓜型等多种山地城市布局模式，为山地城市学的发展奠定了坚实的基础。

基于原有山地城镇空间结构研究和产业建设空间布局的相关性，本书衍生出山地产业空间的空间结构与布局范式，且根据产业空间布局发展规律，系统总结了其演化过程。具体演化模式总结为以下 3 个阶段（图 5-10）。

（1）散点模式：此阶段的产业发展属于一种自发形式，在产业发展相对较好、旅游资源丰富、内部交通便利的城市，区域一般会萌生 2～3 个经济增长点。"中心地理论"告诉我们这些萌芽点基本组成了三边形或多边形分布的格局，在产业开发上各产业之间没有合作意识，彼此独立发展，也没有市场意识，所以城市内各景点基本上不与外界发生自觉联系。城市内通道路径系统简单，旅游等产业流向呈单向性。

（2）散块模式：产业以大块状散落分布于区域内，此阶段仍然有新产业新增长点萌生。虽然散块模式在结构特征上只是散点模式的扩展，但散块模式是散点模式量积累基础上质的飞跃。散点模式只是在狭小的萌生区空间内发生着产业兴起现象，还没有扩散能力。而散块模式旅游业的发展属于一种邻接发展，已开始向其腹地进行邻接扩散，其影响面已经大大超出本身的萌生区。另外就是散点模式萌生产业的空间节点有限，仅限制在一些旅游资源丰富、经济发展较好的城市，资源禀赋、经济发展、旅游业自觉意识的不平衡继续作用，使得萌生的各类城市开始出现等级分化，节点间的合作意识还没有发生，旅游合作仅发生在节点内部。

（3）组合模式 1.0：放射状＋环状＋带状模式，显著特征就是中心城市以外的近距离产业节点开始通过发展轴线加强区域合作。由于用地紧张，施工工程量大，"因天时，就地利"就成为山地建设区选址的关键原则，针对山地类型中的盆地/台地、坡地与沟壑河谷用地，散块模式的景区在该阶段为进一步开拓市场，会紧紧围绕在影响力逐步增加的道路沿线，因地制宜地发展为受地形约束最小的初级放射状，受地形约束相对较弱的环状，受地形约束最强的初级带状模式雏形等。该阶段旅游节点间的联系得以加强，区域产业协作集群开始逐步成形。

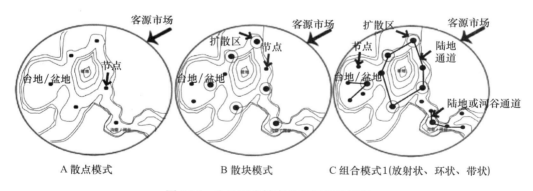

图 5-10　山地型乡镇产业空间组织演变

5.3.4.2 贫困山区型乡镇"产业-空间"耦合模式细分

山地型乡镇主要是指山林贫困型乡镇，致贫原因一方面为开发建设受限：建设用地不足、建设难度较大、交通不便、生态压力大、"无规不可建"，外援型产业难以入驻；另一方面为产业发展受限：农田存量不足，平原式的现代农业以及农旅融合开发模式在此地形条件不再适用，而山水资源利用又不足。因此该发展条件下的产品开发需充分发挥此类乡镇山水资源优势，发展乡村旅游是其唯一选择。其模式则主要是放射状或带状"旅游＋"服务型，原因在于区位偏远，受山地地形影响大，故产业空间组团的布局形式应符合山地产业空间布局发展规律，"产业-空间"耦合结构应呈现放射状（掌状）或者带状（沟壑状）（图5-11）。

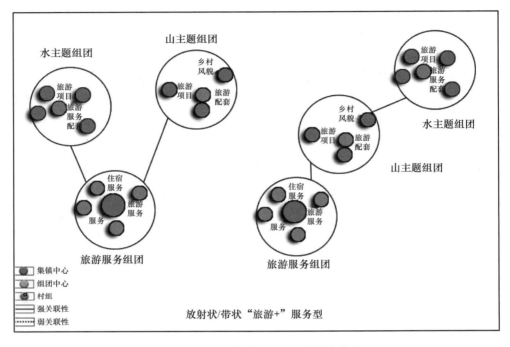

图 5-11   山地型"产业-空间"耦合模式

5.3.5   乡镇"产业-空间"耦合外溢效益

5.3.5.1   以产业协同集聚转型发展倒逼乡镇空间结构调整

"产业-空间"耦合效应必然会导致产业发展诉求下产业空间上的结构调整。空间重组是指由产业重构引起的空间形态的改变，其包含由农业用地与建设用地上的生产空间、生活空间、公共空间所组成的产业承载空间格局与空间形态类型，空间重组既体现了产业与空间之间"适应"与"共生"的交织关系，也是产业结构、社会行为、生态格局共同影响下的空间形态组织方式。因此以产业体系调整为出发点的产业协同集聚转型发展除对生产空间有激活效应，还会致使生态、生活空间做出反馈响应，如生活空间中环境卫生的整治、村庄秩序的整治，以及村貌整治和生态格局保护红线的维护。其主要聚焦在三大"线"：一是生态服务保障线，即提供城乡生产生活空间调节、呼吸的"绿肺"防护线，是保障社会经济发展有效承载、维护生物安全，助推人类与自然以及与其他野生动物和谐共生的必备生态空间。二是人居环境安全屏障线，即保护生态、地质敏感区以及脆弱区，维护山、水、林、湿地等人居环境的生态屏障。三是生物多样性维持线，即维护生态系统稳定、保护生物多样性、着重维持濒危物种资源生存的生命防护线。

5.3.5.2 以土地整治为抓手实现乡镇全方位治理

1. 空间规划——全域统筹、宏观把控

依据乡镇产业的根植性，产业规划作为国土空间规划专项规划中的重要部分，在产业空间的经济产业点单元-经济发展轴线-区域经济面上实现了产业经济及空间的双统筹。与此同时，产业空间是产业基础资源（人、钱、地、技术等）要素的集聚地、产业空间单元及集聚要素的重要抓手，产业空间规划布局即为发展要素的优化配置。此外，产业空间作为三生空间的重要组成部分，其分布会直接影响到生活空间，间接影响到生态空间布局及三者的协调关系。基于此产业空间布局规划，乡镇政府要加强全域统筹与宏观把控的重要手段。

2. 经营主体——农民主体、市场引导、政府调控

乡镇作为我国基层最完备的行政单位，家庭联产承包与集体所有制是其土地的基本制度，该制度决定了乡镇以土地为依托的产业经营必须以农民为主体，依靠市场的有效配置，以及政府的鼓励扶持管控，实现多元经营主体共同经营、利益共享的产业经营模式，其主要模式即"农户-村组-公司（合作社）-镇政府-市县"的产业经营管理模式，这是传统农业散户小规模家庭经营模式的更新升级。

3. 土地流转——规范调整土地二级市场规则秩序、引导三权分置

以土地整治为抓手的产业空间建设必然涉及土地流转，涉及农用地与宅基地两种。其中，农地流转是关键，目前土地流转市场秩序混乱、土地流转效率低下、农地退出机制滞后等问题仍然突出，乡镇产业空间建设所涉及的农用地转为设施农用地、建设用地，增减挂钩问题亟须得以有效解决。

4. 政策辅助——主体素质培养、生态补偿、金融支持

基于乡镇产业发展及产业空间整合化建设的问题，政府应积极出台新时代智慧农民培育相关政策，加强对生态用地占补平衡、高质量复垦或生态经济补偿等方式进行弹性调控，以及鼓励广大乡镇能人和企业带领农民就地创业的商业贷款低息政策等，都为产业开发及空间建设提供了基本保障。

6 多业融合的乡镇产业体系

6.1 多业融合发展的乡镇产业体系构建

6.1.1 乡镇产业体系研究

6.1.1.1 现代产业体系概念内涵

现代产业体系的概念最早由发达国家在 20 世纪 80 年代提出，在一、二、三产进阶的过程中，现代服务业应运而生。尤其是虚拟经济高效、快速发展的时期，传统产业发展出现了新的盈利点，引起了产业经济学者的高度重视。目前，现代产业体系是在传统一、二、三产类型划分标准的基础上提出的，但现代化是一个动态过程的概念，所以在不同国家，面对不同发展阶段主体，它的定义也会不同。如发达国家着重强调三产地位，一般认为现代服务占 GDP 七成左右的产业体系是现代产业体系；发展中国家则更看重一、二、三产整体的发展态势，认为在现代产业体系中农业基础稳固、制造业发达、服务业发展迅猛，科技创新在产业竞争中的贡献较大，构建三产比例合理、区域核心竞争力增强的产业体系为当务之急。但整体来看，对于该概念的阐述包含了以下两点：一是不同主体如何定义产业体系的现代性；二是不同现代产业体系的特征与演变趋势。

6.1.1.2 乡镇产业体系相关研究

回归研究主体，乡镇产业体系研究具有一产主导、发展滞后，结构单一、亟待调整，根植性强、开发阻力大等特点，因此乡镇产业具有较强涉农性。而自 2004 年起，以产业发展带动农民致富增收的乡镇农业现代化研究如火如荼地进行。历年来，国家在顶层设计上的各方面不断就产业发展理念、执行推广、建设路径等多方面深化农业现代化。2019 年中央一号文件更是明确提出："要发展壮大乡村产业，拓宽农民增收渠道，加快发展乡村特色产业，大力发展现代农产品加工业，发展乡村新型服务业，实施数字乡村战略，促进农村劳动力转移就业，支持乡村创新创业。"现代农业产业体系为乡镇农村经济发展提供了科技、资金和人才等多方面支持，是我国农村经济发展的必然方向。乡镇经济发展应以科技创新为动力，优化资金供给，构建符合农村实际的产业体系。

目前，紧紧围绕乡镇农业发展转型的历程，国内有关乡镇产业体系构建研究主要聚焦于现代农业产业体系研究。部分学者就其定义内涵做了详细解读，如张克俊（2015）提出现代农业产业体系是空间交叉、技术渗透、经贸融合较好的各类农产品经营主体，将生产、经营、销售及相关服务等运作主体，通过分工合作、功能拓展等方式建立的横向或纵向产业链体系。盖春雨（2016）指出现代农业产业体系的建设关键是建立高效合理的农业产业聚集机制，推动优势农产品的生产、加工以及销售向优势地区的集聚，以此影响周边产业集群的空间格局。王福军（2017）则认为，目前现代农业产业体系建设依托单位区域的分布差异并不明显，农业产业的总体布局处于相对均衡的态势。部分学者则针对不同乡镇的现代农业产业体系的构成做出了全面概述。如王树锋（2019）基于大庆市部分乡镇数据对资源型城市转型发展的现代农业产业体系研究（图6-1），代表性地提出了应按客观要求挖掘和利用当地自然资源禀赋，开发新的产业体系。乡镇应依托原有资源发展系列产业，包括加工、旅游、服务、科技等，以此形成以农为基础的密集产业链，使之能与城市大工业、大商业和现代服务业相呼应，也成为资源型城市转型发展的必由之路。除此，乡镇发展还能构建农产品加工龙头，全面发展社区商贸圈、手工业、生态观光农业、土特农产品集市、特色餐饮住宿服务、农村休闲产业、专业技术培训，以形成密集的区块农业产业链。

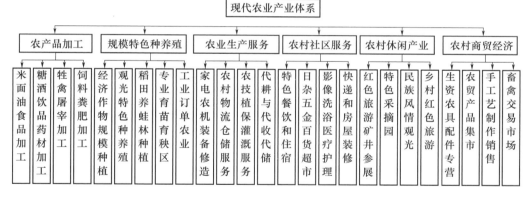

图 6-1 现代农业产业体系

此外，为迎合社会发展新趋势，以技术作为突破口进行产业发展，史朝阳等学者（2019）代表性地提出基于互联网信息技术，在供货商侧构建产业综合平台，购买商侧搭建营销平台，建立"供货商＋平台＋购买商"产业模式下的全新农业产业链系统（图6-2）。这一模式不仅打通了涉农产业的生产、支付、物流和营销四大环节的流通渠道，也通过科技创新、组织创新和机制创新实现了供需平衡，并满足不同层次客户的多元化需求，加速了农业产业化进程。林筠茹（2019）迎合"大旅游"趋势，以云南省建水县为例研究内生动力视角下欠发达地区乡村产业发展路径（图6-3），研究提出充分利用本土特殊地形下的立体气候与梯田景观、山地森林等自然资源，结合特有的乡村农特产品和以纳楼司署为主的文化资源与以彝族、傣族为主的少数民族文化资源，为其发展农旅产业奠定了坚实基础。其次，根据乡镇资源特点，将村庄分为生态景观、农业发展、民族风情、特色传统 4 大类，并在此基础上，融合健康疗养、高山体育、农副工业、民族文化等相关产业，共同打造农旅产业体系。其具体做法为：生态景观型乡村联动健康、体育产业提供养生运动、康养度假等产品；农业发展型乡村联动工业、文化产业提供旅游产品、科研教育产品等；民族风情型乡村联动文化、健康产业提供傣族民俗体验、文化演艺、康养度假等产品。

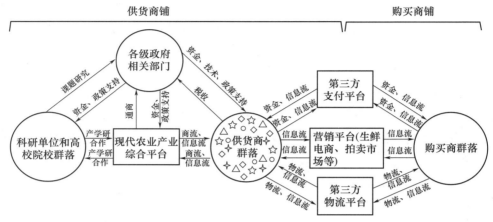

图 6-2　"供货商＋平台＋购买商"产业模式下的全新农业产业链系统

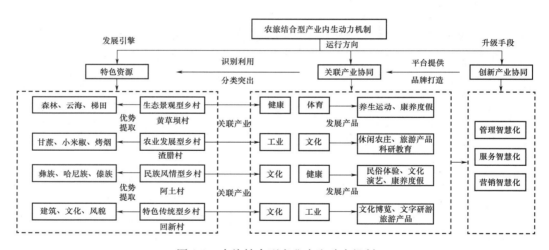

图 6-3　农旅结合型产业内生动力机制

6.1.1.3　乡镇产业体系类型划分

业态是构成产业体系的基本要素之一，是针对特定消费者的特定需求，按照一定的战略目标，有选择地运用商品经营结构、店铺位置、店铺规模、店铺形态、价格政策、销售方式、销售服务等经营手段，其主要功能是提供销售和服务的类型化服务形态。依据产业空间的耦合关联，在上述乡镇产业体系强涉农性、多产融合的研究基础上，本书将乡镇产业体系的业态构成按照一、二、三产归纳如下：

一产：农业（特色农业、规模农业、设施农业、循环农业等农业种植、家禽养殖）。

二产：涉农工业（农机具）、农业加工等农业生产服务、康养地产（建筑业）、其他传统工业。

三产：农业物流、农业仓储等其他农业服务业、智慧农业、互联网＋农业销售、农旅、住宿零售等旅游服务业、新兴产业以及基本的商贸、乡村社区服务业。

产业体系作为一、二、三产不同配比下的产物，国外研究比国内早出近50年。在借鉴案例的基础上，本研究将乡镇产业体系类型划分为以下3类：

一是城乡均衡发展型。这一类乡镇已经发展到了由不均发展到均衡发展的较高级阶段，乡村产业发展过程中应注重农业发展、强调农民生活质量的提高，在城乡设施配套上强调缩小城乡差距，在风貌塑造上保留地方特色，这种发展模式下的城乡差距不大。此外，乡镇发展也同样注重非农产业发展环境的营建，除提供政策制度辅助、金融资本扶持、产业配套设施建设等优越条件，城乡也基本形成了城乡产业一体化的发展格局。如土地资源丰富的加拿大，通过制定农业风险管理、科技创新等系列政策，着力推进乡村农业现代化发展。在2010年户均家庭农场就达300多公顷，并积极与加工、销售业融合，形成产销一体的外向型农业。另外，为破除城乡二元体制，在大力进行基建提供均等化的城乡"两基"设施的政策刺激下，城市一度出现人口返郊、逆城市化的现象，这反而带动了乡村旅游以及其他工商服务业的产业增长。自1931年至21世纪初，事农人口从67％下降到11％。

二是强势产业聚焦型。此类乡镇依靠当地的资源禀赋、立足农业比较优势，做强做大主导产业的同时，加大科技创新投入并注重提升农民组织化程度，逐步将资源优势发展成为区域霸权产业，此类模式适用于资源优势显著的乡镇。如荷兰，为立足稀缺的土地资源，采取了"大进大出"的发展策略，基础产业以粮油等资源密集型产业为主，同时优先发展高附加值的温室作物、畜牧业、园艺等技术密集型产业。据统计，荷兰温室总面积达世界温室总面积的1/4，其主要盛产花卉，而科技对农业生产的贡献率达80％。在此基础上，荷兰仍旧大力构建农业科技、教育与科研系统，力图进一步提高农业生产科技含量。此外，为促进乡村活力健康发展，乡镇积极发展农业合作社等自治模式，优化农村环境，提供便利条件，进而极大促进了村民留村发展的意愿。

三是产业交叉融合型。这类乡镇为缩小城乡差距，往往采取政府引导、村民参与的方式，多立足于乡村资源，以产业融合方式，创造附加价值，形成足以盘活乡村活力的产业体系。如日本早在20世纪50年代开始针对农村衰落、农业萎缩问题，提出促进乡村振兴的"造村运动"。其中最典型的农村产业振兴运动就是"一村一品"，它提倡引导村民发觉乡村本土特色，挖掘地方潜力，开发具有地方性的特色产品。直到90年代，该模式才升级为"六次产业化"运动。该运动强调以乡村农业为基础，引导农业向加工、销售延伸，并拓展乡村农业休闲旅游、体验观光等多功能性，构建三产融合的"1＋2＋3""1×2×3"的高效益六次产业。随后，韩国借鉴其经验，同样推行"新村运动",鼓励乡村产业融合发展,改善乡村基础设施与居住环境,留住乡村人气并激活了乡村活力,进一步促进了城乡一体化发展。

6.1.2 乡镇多业融合体系的基本内涵

1. 乡镇多业融合体系的基本内涵及构建意义

乡镇多业融合体系就是多业融合发展的产业体系的简称。本书所提出的多业融合体系有别于传统的以一、二、三产为产业类型界定的产业体系概念模式。一、二、三产作为国际公认的产业类型划分方式,其中农业、工业、服务业的代名词在很大程度上反映了一个城市的产业结构及发展水平,但无法反映目前一、二、三产融合态势下,地理空间区域上多业态融合的模式。"农业+旅游"以及"农业+农业销售"不再被无空间界定笼统地定义为一三产融合的模式,而是特定项目下的"农业+旅游"融合模式与"农业+农业销售"融合模式(表6-1)。

表 6-1 乡镇产业体系与多业融合体系内涵对比

体系类型	乡镇产业体系	乡镇多业融合体系
作用	乡镇产业构成的基本属性	乡镇产业融合趋势下的产业体系特性研究
作用范围	乡镇全域	乡镇内的具体项目
内容	一、二、三产的配比	业态间的融合关联
空间属性	无	有
效益	乡镇产业经济发展情况,而三产占比越高,越发达	乡镇特定区域具体项目间融合效益,融合度越高,效益越好

2. 构建乡镇多业融合体系的意义

从空间上细化产业融合模式,这是产业融合模式的一种新提法,其意义主要体现在以下两个方面:一是有空间针对性地提高具体项目的效益。产业体系及一、二、三产融合,农旅融合,文旅融合等产业融合方式及产业体系是常见的定义方式。本书首次提出多业融合体系的概念,强调的不再是一、二、三产常规产业划分模式的粗略融合,而是细化后的具体业态与业态之间的融合,这是基于产业专业化开发、经营路径思考下的小范围特定项目的产业融合发展,对指导具体项目根据所在区域资源禀赋、产业融合发展提高内在效益具有重要意义。二是有助于实现乡镇产业-空间的双向统筹。一方面,产业空间单元作为产业的空间载体,两者息息相关,"产业空间"耦合效应下,多业融合体系承载空间的布局既是资源空间格局下特定产业空间的必然选择,也让产业经济成为以产业空间布局为实体抓手的对象。在全域统筹、市场配置的作用下,政府具有区域内单个项目"1+X"个产业空间单元的规划布局引导权,可实现全域产业空间统筹。另一方面,多业融合体系提出对应区域资源、土地空间等基础要素、响应宏观产业经济发展战略与地理空间结构总体布局,是乡镇"农户个体-村组-乡镇"三级层次中,以中间规模"村组"作为产业空间组织范畴的产业组织模式,可在其间起到产业经济效益由低下（村民自组织的传统农业经济）到较高（乡镇引导的乡镇服务业）中间值的突破。因此，多业融合是助推传统乡镇局部区域产业单打独斗、产业空间零散破碎向小范围区块经济合作经营转变的关键。

6.1.3　乡镇多业融合体系构建逻辑

多业融合体系类型的划分，必然是遵循产业融合发展的客观规律，主要包括三个方面的内容：一是单个产业项目融合发展的路径逻辑；二是产业融合发展模式的选择逻辑；三是产业融合发展的运行逻辑。详述如下：

1. 单个产业项目融合发展的路径逻辑

本书着重就"绿色发展＋农业"、"教育科研＋农业"、"农业＋加工＋销售"、"农业＋旅游"等经典产业融合单体的构建逻辑进行研究，详情如下：

"农业-家禽-休闲农庄"三大主体作用下的循环农业模式（图6-4）：该模式一方面以"人"作为第一主体，以获取最大经济效益为出发点，通过种植水稻、喂养家禽（鸡）为休闲农庄提供农产品，为外来游客提供土特产。另一方面，以"人"作为调控的第二主体，水稻等作物将太阳能转化为有机能量，这一过程供应人与家禽基本的食用品。人及家禽的粪便可以作为沼气池的原材料，供二次利用的同时，经过沼气池发酵后的粪便也可作为水稻等作物种植的肥料，让废物得以分解、利用。该模式在小范围的生态系统中实现了物质与能量的循环利用，是绿色发展、生态优先发展理念下的产业融合创新模式。

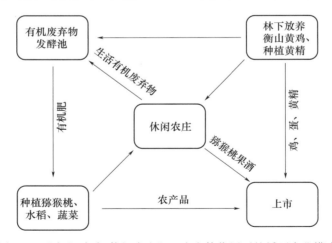

图6-4　"农业-家禽-休闲农庄"三大主体作用下的循环农业模式

"农户-院校-企业-政府"四大主体下智慧农业模式（图6-5）：智慧产业融合的关键在于行业协作、协同与创新，通过信息、技术、资源的交叉、渗透与重组，系统重构并推动智慧乡村产业集聚发展。具体来看，融合要素主要包括基础设施与网络平台、科技创新与智力资本、市场需求与政策保障3个方面。其中，市场需求是产业融合的目标，科技创新、智力人才和资本投入是推动产业融合的核心要素，而多网融合、云计算与云服务、产业政策、政府导引和融资平台等是智慧产业融合的外部保障条件。在此基础上，此模式联合四大主体利益分别以劳动力与土地、技术智力、管理经营、规划统筹入股的方式向相互渗透扶持的方向转变，最终形成新型利益分配机制。

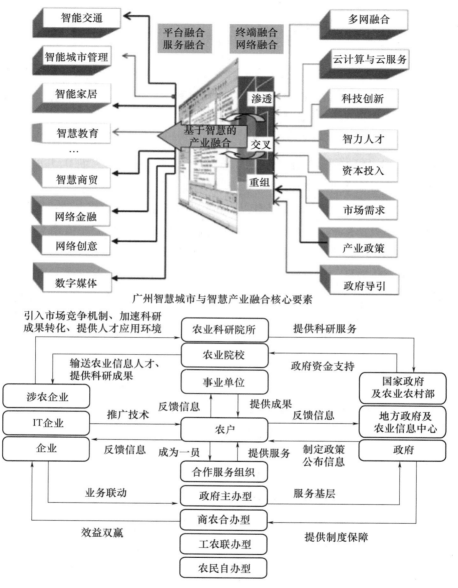

图 6-5 "农户-院校-企业-政府"四大主体下智慧农业模式

资源禀赋导向下产业融合模式（图 6-6）：该模式是传统农业向规模化、机械化转化，同时向旅游方向靠拢的过程，是为了实现功能融合，挖掘农业潜在的旅游属性，如观赏、休闲、体验、科研等旅游属性。前者在传统农业规模化种植的情况下，衍生农产品加工，互联网线上销售，线下仓储、配送等农业产业配套服务，能动地拓展产业业态类型。后者以农业、旅游业的共性为衔接点，融入农业、旅游业销售体验服务、配套民宿商贸服务、特产加工与销售服务，甚至是旅游文创产品，如书签、图册等。

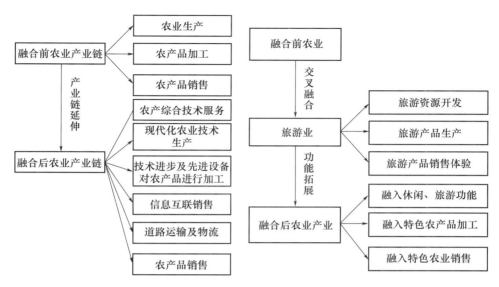

图 6-6　资源禀赋导向下产业融合模式

2. 产业融合发展模式的选择逻辑

产业融合发展模式选择逻辑下的产业融合体系构建必然是符合集群规律的产业组织体系，为四大模式下产业融合发展模式排列组合下构成的复杂产业体系。基于此，本书将乡镇产业融合模式总结为以下 4 种：

(1) 农业循环发展模式：围绕相关产业，将种植、养殖、畜牧等各产业联合，通过协调各产业之间的特点，建立有机联系，整合各产业资源，逐步形成农业循环发展新模式，提升农业产业增值空间。目前，很多地区都在积极推广"畜-沼-果蔬"或稻田鸭、稻田蟹、稻田鱼等种养结合模式，大力实施种养相结合的农业循环，形成了多种种养模式的科学组合。资源高效利用、生产效益最大化的农业循环发展模式，进一步促进了农业产业整合和价值增值。

(2) 农业产业链发展模式：以农业为核心，依托涉农经营组织、龙头企业、种养大户等新型经营主体推动产业链延伸发展，从基本农业生产环节到市场供应环节、农业生产要素供给、产品加工与销售等环节均有联系。

(3) 农业功能拓展模式：根据农业资源优势和特点，依托当地优势资源，继续扩大农业、旅游和生态一体化。积极培育新兴产业、休闲农业、创意农业、农耕文化等，拓宽农业的增值空间。产业发展以农业为主体，集旅游、休闲、生态等产业于一体，形成"一镇一业，一村一产"的发展格局。

(4) 多元融合型发展模式：依托核心农业企业，利用技术、资源、人才等优势，促进"三产"协调发展，实现技术创新、农业生产、农产品加工、电子商务、物流仓储、农业旅游等多种形式以及多个领域复合发展。

3. 产业融合发展的运行逻辑

产业融合发展运行逻辑下多业融合体系的构建必然要遵循单个业态之间的关联，这种关联是在融合动力机制下相互作用。从内在纵向、横向驱动力作用与外部技术变革三个方面进行分析，具体如下：

纵向延伸融合机制的运行机理：如图6-7所示，纵向延伸融合指的是以农业生产环节为核心，沿着农业产业链方向，通过纵向一体化、签订契约等多种方式加强联合与合作，使得农业产业各环节连接起来，形成紧密联系、协调发展的产业体系，这是从参与融合的产业类型来分析的。根据现代产业组织理论，企业和市场资源配置方式不同，同时存在很多种企业和市场属性兼容的组织形式，而这种组织形式可能比企业和市场更有效率，交易费用是决定采取何种方式的一项关键变量。随着分工的不断深化，农业相关环节不断增多，专业化收益和交易费用函数都在不断发生变化，当交易费用超过专业化收益时，节省交易费用的资源配置方式更加划算，微观主体之间会形成更加紧密的组织或采取新的资源配置方式，当大多数或占主体的微观主体都采取这种方式时，产业之间的分工就会走向融合。纵向延伸融合机制的基本运行机理表现为：在降低交易费用的驱动下，农村一、二、三产业沿着农业产业链相互连接，逐步形成更加紧密的产业组织体系。

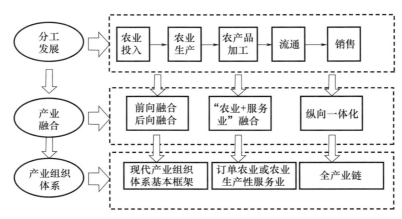

图6-7　纵向延伸融合机制的运行机理

横向交叉融合机制的运行机理：如图6-8所示，横向交叉融合指的是基于农业多功能拓展，实现农业与旅游业、文化等产业交叉融合，形成具有融合性的新业态，赋予农业产业体系新的属性，主要包含资源融合方式、产品融合方式和市场融合方式。资源融合方式指的是充分挖掘农业农村自然景观、人文遗迹等资源，促进一、二、三产业之间的融合，带动产业链转型升级。产品融合方式指的是农产品多功能的拓展，为适应新的消费需求，农产品价值实现路径发生了转变，导致原有产业链解构，并通过交叉融合重组成新的具有融合性质的产业链过程，最为典型的是农业与旅游业融合形成休闲农业。市场融合方式指的是农产品流通和销售等环节与相关产业的融合，从而带动整个农业产业链的发展，如农产品销售环节与会展服务业的融合形成会展农业。横向交叉融合机制的基本运行机理表现为：在拓展农业横向增值空间的利益驱动下，农业产业链与相关产业链解构，重组成融合型产业链的过程。

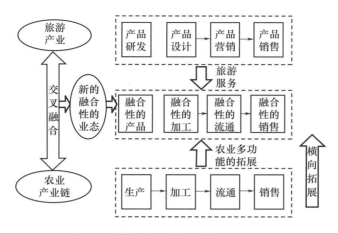

图 6-8　横向交叉融合机制的运行机理

高新技术要素渗透融合机制的运行机理：如图 6-9 所示，高新技术要素渗透融合指的是现代互联网信息技术、生物技术、航天技术等现代科技通过向农业扩散和传播，促进先进技术向农业产业各环节的渗透融合，形成具有高新技术特性的新技术、新业态以及新模式。其主要方式有两种，即局部融合和整体融合。局部融合指的是高新技术向农业某个生产经营环节的渗透融合，从而提升生产经营效率的模式，如生物技术对农业生产环节的渗透融合，以形成现代生物农业。将现代工业生产理念运用到农业，可以实现农产品生产的标准化和工业化，以形成新的业态——工厂化农业。整体融合指的是高新技术对农业生产经营系统的整合、优化和创新的过程，建立以现代科学技术为核心的现代农业生产经营模式十分重要。"互联网＋农业"是整体融合模式的典型代表，它在农业生产和市场之间建立起新的以互联网技术为核心的生产经营网络体系，实现了农业生产、加工、流通和销售各环节的现代信息化。高新技术要素渗透融合机制的基本运行机理表现为：在推广和应用高新技术获取经济利益的驱动下，高新技术研发产业与微观主体，以及农业和农业生产经营主体通过相互作用改变了农业经营活动的过程。

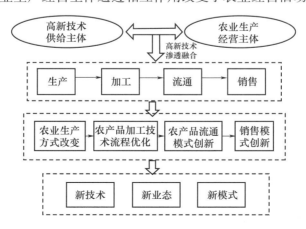

图 6-9　高新技术要素渗透融合机制的运行机理

6.1.4 乡镇多业融合体系类型

多业融合是符合产业融合发展客观规律的产物。本书提出乡镇多业融合体系的划分逻辑，结合产业融合发展情景模拟下提出的四种多业融合类型（"一产＋科技一产＋农业科技融合发展""一产＋二产""一产＋三产""一产＋二产＋三产"），在系统分析三大多业融合体系路径（单个产业项目融合发展的路径逻辑、产业融合发展模式的选择逻辑以及产业融合发展的运行逻辑）的基础上，具体针对多业融合下三类乡镇（大城市近郊区乡镇、平原农业型乡镇、贫困山区型欠发达乡镇）的现状产业类型、资源特征，提出四大乡镇多业融合体系类型："农业-现代农业"型产业体系、"农业-旅游"型产业体系、"旅游-康养"型产业体系、"农业-加工-旅游"型产业体系。

6.2 现代农业型——"农业-现代农业"型多业融合产业体系

6.2.1 "农业-现代农业"型多业融合产业体系总述

信息、技术的渗透，使得物理手段、信息手段、生物手段经过各种方式改进。比如农业模式包括设施农业、立体农业、循环农业、精准农业；产品改进，比如生物工程技术；手段改进，比如智慧农业；概念和理念改进，比如生态农业、有机农业。这些改进广泛应用于传统农业的提效增收，传统农业体系在现代农业的强劲冲击下，乡镇最终形成传统农业与现代农业相融的"农业-现代农业"型产业体系[①]。该类型产业体系适用于有坚实的农业基础、农地平坦且存量较大的乡镇，但受当下便利的物流货运技术影响，地理区位及市场需求对现代农业约束力不大的平原型乡镇，其实更适合构建此融合体系。结构调整是农业发展的主题，现代农业作为传统农业的升级版本，其发展方向主要体现在以下六个方面：向精品农业方向调，向高效益方向调，向可持续发展的方向调，向市场导向型农业发展方向调，向满足与引领市场需求的方向调，向促进区域发展与国民经济协调发展的方向调。

6.2.2 "农业-现代农业"型多业融合产业体系内涵

该体系的突出特征就是以"科技（科研）"为关键推动力，加快传统农业向现代农业生态化、规模化、信息化、机械化、特色化转变，形成包括循环农业、规模农业、智慧农业、设施农业以及特色农业等内容的产业体系。所涉及的产业主要包括：以种业粮油、蔬菜、生猪、水产、花卉苗木、家禽、水果、茶叶、莲藕等农业生产为主的一产；农机具生产，农用房、田间作业道、沟渠等农用基础设施建设，农用机具制造为主的二产；包括育种、耕作、播种、收割服务，农产品精（深）加工服

① 谢岗. 构建现代农业产业体系 推进农村产业融合发展［J］. 江苏农村经济，2020（8）：39-41.

务，经营、销售、物流、仓储管理运营技术服务，农用机具租赁等生产性社会服务的三产。该模式是传统农业乡镇向现代农业强镇转型过程出现的经典多业融合产业体系（表6-2）。

表6-2　"农业-现代农业"型多业融合产业体系

体系模式	循环农业	规模农业	智慧农业	设施农业	特色农业
转变	生态化	规模化	信息化	机械化	特色化
一产	循环农业、规模农业、智慧农业、设施农业以及特色农业（重点包括种业粮油、蔬菜、生猪、水产、花卉苗木、家禽、水果、茶叶、莲藕等内容）				
二产	相关制造业：农用机具制造				
	配套建设业：农用房、田间作业道、沟渠、设施大棚等农用基础设施建设等				
三产	涉农产前、产中、产后服务（育种、耕作、播种、收割服务；农产品精（深）加工服务；经营、销售、物流、仓储管理运营技术服务；农用机具租赁等生产性社会服务）				
融合特点	"科研＋科技"推动粮、经、饲统筹，农、牧、渔、结合，种养一体融合发展				
典型载体	科技农业园、农业示范园				

6.2.3　"农业-现代农业"型多业融合产业体系空间组织模式

镇域空间结构取决于规模化经营的程度，即一个科技（现代）农业生产单元的生产耕作半径与村庄的依赖关系。这些受到当前时期的交通条件和规模较大村庄的辐射带动能力的影响，未来的生产与生活将在现有基础上扩大，在耕作半径增加的前提下实现村庄集聚和村庄与土地逐渐分离。科技农业服务站点围绕科技农业服务中心集聚相融形成环状现代农业生产综合发展大模块（图6-10）。其中，产业空间单元小模块一般以家庭农场、共享农庄的方式存在，一般涵盖1～2个村组，占地10～15km²，从事的主要农业生产活动包括农业、林业、畜牧业等。

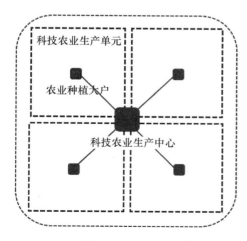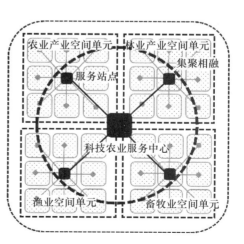

图6-10　"农业-现代农业"型多业融合产业体系空间组织模式

6.3 乡旅融合型——"农业-旅游"型多业融合产业体系

6.3.1 "农业-旅游"型多业融合产业体系总述

农旅融合是整合乡村旅游与农业发展，在尊重农业产业功能的前提下合理开发使用农村土地资源，并依托农业景观要素将其融入当代旅游业的一种新型乡村旅游发展模式。其开发不拘于空间，只为迎合城乡旅游消费需求，但其受山水空间格局与资源转化的影响较大，其中乡村旅游是典型代表模式。乡镇主要通过农业带动旅游发展，通过旅游增加农民收益，以此推动美丽乡村建设。农旅一体化产品体系的构建是以现有的农业种植业为基础，与旅游业资源要素相融合，开发生态农业、科技农业、水果种植采摘业、小动物畜牧业、观赏植物业等业态类型。把当地的文化、特色饮食等要素与农业相互交叉、深度融合，开发出休闲农业、休闲养生、乡村饮食、乡村运动等具有乡村气息的旅游项目。在不破坏现有自然资源、地质地貌、生态环境的基础上，结合农业发展旅游产业。

6.3.2 "农业-旅游"型多业融合产业体系内涵

该融合体系是特指在一、二、三产比较效益"一产＜二产＜三产"的基础上，具有一定农业发展水平的乡镇，以特色农业、设施农业、传统农业、智慧/循环农业为突破口，引导农业向带有消费需求导向性的农旅融合经营模式转变。主要体系模式为特色农业-观光型旅游、设施农业-体验型旅游、传统农业-休闲型旅游、智慧/循环农业-教育型旅游。所涉及的产业融合包括农业生产为主的一产，旅游配套用房及相关地产建设为主的二产，以及包括农业生产、研学、展销、创意、体验等农业相关社会服务业，特色餐饮、住宿、购物、游憩度假等旅游服务业为主的三产。该模式是低端农旅脱钩型旅游乡镇向农旅融合型乡镇转型过程中出现的多业融合产业体系（表6-3）。

表6-3 "农业-旅游"型多业融合产业体系

"农业-旅游"型多业融合产业体系			
体系模式	特色农业-观光型旅游	设施农业-体验型旅游	传统农业-休闲型旅游	智慧/循环农业-教育型旅游
转变	带有消费需求导向性的农旅融合			
一产	资源型特色农业生产	设施农业生产	传统农业生产	智慧/循环农业生产
二产	旅游配套用房及相关地产建设			
三产	依托文化田园、度假田园等主题发展农业生产、研学、展销、创意，以及体验等农业相关社会服务业			
	依托亲子休闲、运动休闲、田园休闲等主题发展特色餐饮、住宿、购物、景区游览、旅游服务业			
融合特点	以农业生产为基础，衍生出价值效应较高的观光、体验、休闲、教育等多种类型旅游业及其服务行业			
典型载体	农业休闲综合体、休闲农庄			

6.3.3 "农业-旅游"型多业融合产业体系空间组织模式

健康养老是大趋势，它追求青年健康文化IP以及老年康养文化IP的就地产业化转换，它对产业空间的选址要求比较高，需要以田园环境、田园文化、田园劳作等返璞归真的生活方式来迎合养老需求，以高山运动、森林氧吧等年轻时尚项目来契合青年健康养生理念。"文化＋"的产业体系构建以及空间布局较为灵活，以生态农业为基础，以山水文化为依托，围绕"长寿文化、健康运动"形成依托"民宿＋康养"或康养地产等的康养社区、康养农业区、康养制造业区、康养服务区四大核心模块。其中康养社区兼顾候鸟式、居家式、异地式、农家休闲式，以及康疗式养老，是居住中心，也是康养农业、康养制造业、康养服务业的综合服务中心。康养农业、制造业、服务业强化"康养IP"，推动旅游"朝圣地"建设，最终形成以现存乡村聚落为依托的"旅游-康养"型旅游康养综合体空间组织模式（图6-11）。由于该模式强调对自然机理的尊重，且具有山体林地、湿地等布局偏好，因此该综合体一般以2～4个自然村，占地面积1～5km²进行空间布局。主要从事草本植物、生态农业种植，医疗器械制造以及疗养、旅游、体育服务等。

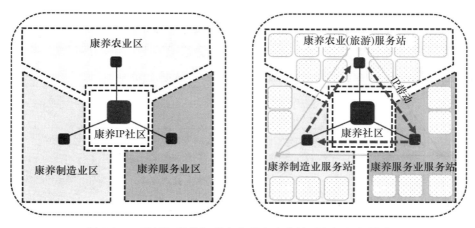

图 6-11   "旅游-康养"型多业融合产业体系空间组织模式

6.4 生态旅游型——"旅游-康养"型多业融合产业体系

6.4.1   "旅游-康养"型多业融合产业体系总述

随着全民健康意识的提升，养生旅游度假也快速发展起来，其中具有康养功能的旅游度假目的地产品受到大众青睐。但该产业体系受地理区位、高端市场需求以及山水空间格局的影响较大，其最主要表现形式就是康养小镇，即以旅游资源为核心，以健康服务为支撑，集合产业、居住、活动、商务会议等多种功能，可满足游客休憩、康体、运动、益智、娱乐等多样化休闲需求。康养小镇的特点和优势在于它是健康旅游业和房地产业的无缝链接，将自然景观、建筑景观融入其中，并拥有多种形式的健康服务体验、完善的配套功能和极高的投资价值。"唯美乡村"认为，康养小镇项目的规划建设应遵循文旅地产开发运营的基本思路，还要考虑文旅产品与大健康产业相关的融合业态，以健康为主线串联各类康养文旅功能项目。其产业体系主要职能是提供养生、养老、医疗、康复四大服务。[①]

6.4.2 "旅游-康养"型多业融合产业体系内涵

本书提出"旅游-康养"型多业融合产业体系，该融合体系特指在老龄化严重、休闲健康长寿文化占主导地位，以"大健康"为出发点，迎合时代健康养老主题，进行新的养老旅游服务开发。其主要的体系模式为"养老产业＋休闲农业产业＋度假休闲＋健康食品产业＋体育产业"，所涉及的产业融合内容主要包括：果蔬种植、农业观光、乡村休闲为主导的一产；康养药业与食品制造、装备制造业、旅游地产建设为主的二产；医疗养老服务、地产服务、旅游管理服务、商业会议服务、健康运动服务为主的三产。该模式是区位条件极佳、资源型休闲旅游乡镇以康养文化为引领，向旅游康养特色小镇转变过程中出现的经典模式（表6-4）。

表6-4 "旅游-康养"型多业融合产业体系

"旅游-康养"型多业融合产业体系	
体系模式	养老产业＋绿色产品产业＋度假休闲（体育运动、农业观光）
转变	迎合时代健康养老主题的大健康康养服务开发
一产	康养农业：农事体验、休闲农业、乡村观光
二产	康养制造业：医药保健品生产，医疗器械、仪器设备制造 康养旅游建造业：旅游设施用房、旅游地产（商务、会议、休闲）
三产	健康服务：医疗卫生服务、康复理疗、护理服务；高山运动、户外拓展、养生锻炼等 养老服务：日间照料服务、养老保险及金融服务 养生服务：美体美容、养生度假、健康咨询等 旅游服务：康养地产、住宿、度假、休闲、运动等
融合特点	以"健康IP"为卖点的旅游康养服务产业融合
典型载体	康养小镇、温泉度假酒店、生态健康谷等

6.5 工贸发展型——"农业-加工-旅游"型多业融合产业体系

6.5.1 "农业-加工-旅游"型多业融合产业体系总述

此类融合体系适用于资源欠缺型乡镇，由于无突出优势和明显竞争力，该形势下区

① 孙建捷. 中国特色康养旅游发展模式浅析［J］. 住宅与房地产，2021（14）：71-75.

位以及市场需求是构建此类融合体系的基础。此类体系主要有以下五大典型模式：农家乐——乡村与餐饮结合、休闲农庄——乡村与资源结合、民俗村——乡村与民俗结合、主题园区——乡村与营销结合、田园综合体——乡村与产业结合。其大体又可以划分为两类：旅游辅助农业型和农业辅助旅游型。而农产品加工主要涉及：一是开设观光工厂（研学基地），如巧妙开设观光工厂，植入休闲观光、科普教育、特色体验等功能，让传统工厂生产与现代旅游相结合，让消费者对整个农产品有更深层认识，同时，让消费者在观光、体验过程中，增加产品的信赖度，形成企业形象宣传的效果。例如日本富良野奶酪工厂，其不仅用当地新鲜牛奶制成地方特产奶酪，还可以让游客们参观奶酪生产过程、品尝各式奶酪，这一观光体验模式备受家长和孩子们的青睐。二是增加个性体验（餐饮美食），纵使休闲农业早已超越"吃农家饭""住农家屋"的简单时代，但乡野住宿、乡野美食依旧是休闲农业和乡村旅游的重头戏。而相比同质化严重的古色民宿，带有一些工业风格的特色民宿或别具魅力的地道美食，不失为休闲农业与乡村旅游的个性之美。例如，欧洲东北部拉脱维亚的休闲农业与乡村旅游，不仅以秀美田园景观为特色，更以当地农产品加工的地道美食为吸引物，组织产销活动（提升价值）。如在休闲农业园区增加或组织产销活动，不仅能打开农产品的市场知名度，还可以促使休闲农业增加"产业支撑"，提升产品或品牌的附加值，从而形成一种健康的良性循环。例如日本的mokumoku农场、美国的希尔玛奶酪公司（Hilmar Cheese Company），它们不仅以农产品加工为特色，生产特色产品，开设观光游览场所，更组织了各类产销活动，缩短农产品到餐桌的供应链，真正实现了"粮头食尾"。

6.5.2 "农业-加工-旅游"型多业融合产业体系内涵

本书提出"农业-加工-旅游"型多业融合产业体系，旨在引导农业、旅游、小规模农产品加工单一产业向一、二、三产联合打组合拳转变。所涉及的产业融合内容主要包括：规模农业、设施农业为主导的一产；农业生产、加工用房，旅游设施、服务用房建设，农机具生产，园区建设为主的二产；涵盖农业生产、加工、销售、管理（物流、仓储）和教育科研技术服务业、农业旅游服务业、文化旅游服务业、工业园区管理运营服务业的三产。该模式是农业、旅游均无区域竞争优势，工贸转型突围困难型乡镇采取的自救举措（表6-5）。

表 6-5 "农业-加工-旅游"型多业融合产业体系

体系模式	规模农业＋精深加工＋乡村旅游
转变	传统工贸型乡镇转型，发展以农业精深加工主导的一、二、三产业融合发展
一产	规模农业、设施农业、订单农业（传统的花生、水稻、医药、蔬果等）
二产	相关制造业：农机具生产 相关建造业：园区建设（粮食、园艺、药用植物、畜牧类、水产品等精深加工）

三产	农业服务业：农业生产、加工、销售、管理（物流、仓储）、教育科研技术服务业 旅游服务业：农业旅游服务业（民宿、餐饮、娱乐等）、文化旅游服务业（加工产业文化 IP 旅游以及农业主题旅游） 工业园区服务业：安保、运营等
融合特点	无突出卖点，以农业-加工-旅游的方式融合
典型载体	乡村田园综合体

6.5.3 "农业-加工-旅游"型多业融合产业体系空间组织模式

农业加工实现了农业由"隔二连三"到"接二连三"，农业、加工业、旅游业打组合拳的转变。目前该转变有两种路径：一种为"加工-农业-旅游"农业带动结构，一种为"农业-加工-旅游"农业加工业带动结构。本书所描述的结构为后者。该结构以精深加工服务中心为核心，结合现有村落布局，为区域提供农业加工服务、旅游配套、农业生产配套、生活配套等服务。联结现代农业区和乡村旅游服务区，农旅融合的产业外循环融合发展依然存在，内部构成"特色产业（绿色食品）文化＋旅游"以及"农业＋加工"两大内循环产业驱动机制（图6-12）。由于该模式强调加工产业原料生产以及农旅趣味性提升，该综合体需要加大规模用于种植农作物和建设主题 IP 旅游目的地，一般以 1～2 个行政村，占地面积 3～10km² 进行空间布局。主要从事大面积的规模农业、设施农业、农业精深加工及相关服务业、旅游业等。

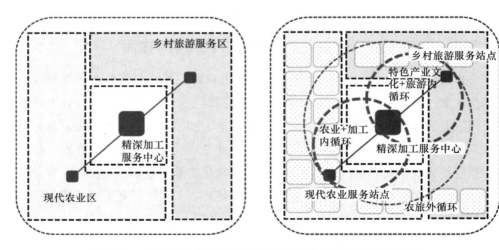

图6-12 "农业-加工-旅游"型多业融合产业体系空间组织模式

7 乡镇产业空间组织模式

7.1 乡镇产业空间组织模式构建

7.1.1 乡镇产业空间组织模式构建的总体逻辑

农户"宅-地"权益的个人化与乡村产业对自然资源的依附化共同构成了乡村产业空间研究的逻辑起点，而基于此提炼出典型的乡（镇）域产业空间组织模式，其本质是乡村产业空间对"三权分置"制度作出的具体响应。

以优化配置农户"宅基地"和"承包地"资源，并尊重乡村产业的空间需求为前提，本书拟提出由"村组"组织内部农户的"宅-地"资源，以若干"村组"组成乡村"产业空间单元"，最后形成乡（镇）域范围内的产业空间结构，即"农户-村组-产业空间单元-乡（镇）域产业空间结构"的乡（镇）域产业空间组织逻辑。

7.1.2 "农户-村组"组织模式

"农户-村组"是一种联盟式的土地适度规模管理新模式，是在农民土地没有发生流转的情况下，农村基层组织和个体农民通过战略联盟，对农村土地进行连片利用的组织模式。这种模式一方面充分发挥了农村基层组织的"战斗堡垒"作用，另一方面又充分对接市场，有效降低了农民的生产成本和市场风险，增加了农民收入。

1. "农户-村组"组织模式的特点

（1）保证了土地生产经营主体不变。这种土地规模组织模式的主体仍然是农户，不改变农户对原有土地的承包经营权，也就不会产生因土地流转所带来的一切风险。同时，这种土地规模经营模式是在农村基层组织领导下的一种经营活动，其既保证了农田生产的统一和农产品质量的统一，又为农产品进入市场创造了有利条件，为农民增收打下了坚实的基础。

（2）克服了土地流转困境。土地的有效流转是土地规模经营的充分条件，但不是必要条件。"村组-农户"这种联盟式管理方式越过了土地流转环节，其实质是在农村基层组织的领导下实行的土地规模化经营。因此，这种模式减少了农民进入土地流转交易市场、签订由县农经部门统一制定的农村土地承包经营权流转合同书并报乡镇农经部门备案等复杂环节，进一步有效避免了土地流转纠纷的发生。

（3）提高了谈判能力，壮大了集体经济。由于这种土地规模化经营是在村委会的领导下进行的，所有的谈判由村委会负责，这种组织对公司的谈判无疑增加了农户的谈判力量，减低了生产成本。同时，在土地规模化经营过程中，也加强了基本农田建设和公共设施建设。

2. "农户-村组"组织模式的实现途径

（1）提高农民组织化程度。调查资料显示，农民大户平均土地经营面积在 1 公顷左右。因此，要实现规模化经营，必须提高农民组织化程度，即一方面大力发展农民专业合作组织，另一方面提高村委会服务职能，通过统一供种、统一生产标准、统一生产服务、统一销售，把农户组织起来，进行统一的生产，形成规模化的生产经营。

（2）加强村委会建设。村委会作为农民的一级代表，代表着农民利益，在土地规模化经营过程中，一方面要加强其领导职能，把农民组织起来，形成一个坚实共同体，不断增强其谈判能力；另一方面，应加强其服务职能，为农民生产服务，为新农村建设服务。

（3）加大政策扶持力度。各县、市、区要从本地实际出发，分别制定出台一系列扶持土地规模经营优惠政策，如湖北省公安县制定出台了《关于促进农村土地承包经营权流转推动土地适度规模经营的意见》和《土地适度规模经营五年规划》，有效促进土地规模经营发展。同时制定土地流转和规模经营达到一定面积的乡村、专业合作组织和种植大户的资金奖励政策以及农业保险政策，设立农村土地规模经营奖励基金，根据不同情况予以不同奖励。实践证明，推进土地规模经营既要发挥市场机制的作用，同时也离不开政府的扶持，扶持力度越大，土地规模经营发展的步伐就越快。

7.1.3 "产业空间单元"研究

1. 运用情景模拟方法研究乡村产业空间单元

情景规划是一种长期规划工具，其中的思维方式着眼于未来状态，即从关键因素入手演绎整个发展途径。它是基于对历史经验外推、未来终端状态鉴别和预测事件的综合考虑得到的关于未来的场景。在对于城市问题的研究中，情景规划是一个试图构造切实可行的未来城市发展模式的进程曲引。面对未来城市发展的多种可能，情景规划构建出若干具有内在逻辑一致性的模拟情景方案。每个模拟方案描述的都是一个地区或城市在未来可能出现的一种空间形态，以及产生这种形态所对应的城市政策。

情景规划的核心是思考与分析的可变模拟方案，主要服务于未来。情景规划改变了以往沿历史外推的思维方式，采用情景逆推法来构建出未来城市可能出现的情景。该视角更宽泛、更具多样性，能很好地用于解释说明多样的未来可能。该方法不是试图去降低不确定性的水平，而是将不确定性看作现实世界的一个元素，指出应对的方式。

一般来说，城市土地的用途可以大致分为两大类：一类是生活主导用途，即土地规划为人们提供生活基本条件和服务的区域，可能也有部分生产性质的土地，但非主导，这类用途的土地通常分配居住和公共服务设施类别的用地较多，还可能形成一个或多个商业中心和次中心；另一类是生产主导用途，即土地规划为产业和生产提供基本条件的区域，可能也有部分生活性质的土地，但并非主导，这类用途的土地通常以工业和仓储用地占很大比例，兼有少量居住、商业等用地类型。

2. 产业空间单元类型

产业空间单元的核心是农业产业化。产业空间单元以产业园的形式推进产业发展，每个单元确定 1～2 种主要农产品，依托农业产业基础，推进农业规模化、现代化、机械化，坚持差异化发展。单元内部应维护农田生态本底，保持农业发展的地域性特色，保护森林生态斑块，并在自然条件优越的区域构筑沿河流水系生态廊道。有资源条件的单元内应充分挖掘地方历史文化特色，并配套文化旅游设施，促进文化与旅游事业协调发展。

按照产业属性，可以将产业空间单元分为 4 种基本类型。

(1) 农业型产业单元：以规模化生产的现代农业为产业单元特色，适合土地资源丰富、农业产业基础较好的区域。地方通过土地流转和农田设施建设，实现农业生产的产业化、规模化和现代化。

(2) 商贸型产业单元：在靠近城镇或交通条件较好的产业单元内，除了发展农业产业以外，还可依托城市服务农村，利用所处区位及交通条件积极发展二、三产业，包括农产品加工、包装、交易、配送等商贸活动。

(3) 旅游型产业单元：兼顾农业与休闲旅游业的发展，充分挖掘地方自然与文化资源，将农业发展与休闲娱乐观光结合起来，发展特色休闲旅游业。包括农业观光博览、采摘体验、垂钓等农家活动，以及为文化旅游资源配套住宿、购物、娱乐等旅游设施。

(4) 综合型产业单元：不同产业间相互促进、均衡发展。这类产业单元一般位于靠近城区、自身具有一定服务基础、经济实力较强的地区，其既有较大规模的现代农业经济，又兼有休闲旅游及商贸职能。

3. 产业空间单元的规划要素

(1) 规模：考虑产业属性（产业基地规模一般为 5000 亩至 1 万亩）、生产出行距离（摩托车出行半径 3 千米以内为宜）及公服设施配套需求，确定单元规模控制在 3～7 平方千米，结合主要河流、道路及行政界线划定单元边界（原则上不突破镇界）。1 个产业空间单元的规模相当于 2 个平原地区现有乡镇或社区的规模，但是不局限于行政界线进行划定，主要考虑区域内的产业属性。

(2) 产业：产业空间单元以现代农业为主导产业，在每个单元内，以产业园的形式推进产业规模化发展，确定 1～2 种主要农产品类型，每个单元内应至少有一个规模化的产业园（规模不小于 3000 亩），同时鼓励三产联动，发展乡村旅游、体验观光、农产品精深加工、家庭农庄等产业。

（3）居住：产业空间单元内的居住主要满足本单元内从事生产工作的农民、员工的需要，同时兼顾旅游服务的需要。在空间上以新农村聚居点为居住空间的主要载体，包括新农村社区、新农村综合体、林盘等，每个单元可容纳为3000～8000人。

（4）配套：依托中心聚居点，完善配套设施，带动周围其他社区。在每个单元内配备相应的生产配套设施和生活配套设施，根据产业类型的不同设置所需的旅游配套设施及商贸配套设施（表7-1）。

表 7-1 产业空间单元配套设施一览表

		配套要求
基本配套	生产配套	庄稼医院、农产品质量快速监测点、农资放心店、农民培训机构等
	生活配套	托幼机构、医疗站、文体中心、商业网点、市政设施、公交站、停车场等
扩展配套	旅游配套	公共停车场、零售服务网点、应急救助、自行车租赁点、星级农家乐等
	商贸配套	农产品收集点、农产品展示点、农产品销售点

7.1.4 乡（镇）域产业空间单元之间的作用机制

1. 乡村产业空间发展的重组研究

（1）农业用地的产业化发展。基于现代农业特征的农业用地，不仅仅是从景观风貌上去考虑，还需要在乡村区域经济的视角下赋予新的产业规划思路与方法。农业用地是主要的现代化农业的发生场所，农村土地流转、置换带来的空间整合，已为现代化农业的发展提供了新的用地空间规模与用地类型。

（2）空间类型的集聚与混合。城乡一体化发展令城郊乡村的空间愈加集聚。在产业与空间一体化形态格局演变中可见，随着现代化经济的发展与城乡二元结构的逐渐分解，在空间斑块的规模与格局上，城郊乡村的生产景观类型与公共服务性景观类型的变化程度远高于生活景观类型。且三者之间的集聚度逐渐增高，其在建设用地上呈"临水-临道路-临产业"格局的集中过程。城郊乡村建筑的高密度"生长"往往伴随拥挤的空间与脏、乱、差环境的产生。

村庄建设用地总量与规模有限。村庄内部大多是小微产业、"非正式"经济与低效经济的所在地，除了不利于人居环境的发展之外，也阻碍了农业的规模化与现代化发展。随着一、二、三产融合的推进，产业节点、产业链、产业格局的发展趋势都对乡村空间承载力提出了新的要求。乡村建设用地、产业集聚、人口聚集引发生产空间、生活空间和公共空间高度混合现象，也为乡村空间规划带来了新的挑战，农村的"三生"系统需要在产业与空间一体化的过程中维持平衡发展的格局。

2. 乡村产业与空间一体化发展

（1）乡村各产业单元相互协调。一个地区所有产业的数量与各产业内部具体的生产部门的数量比例，是一项重要指标，比例关系合理，才能够实现投入与产出的均衡发展，充分发挥产业部门的积极性和生产能力，进而能帮助企业实现扩大与增长。

　　乡村产业空间之间协调发展，是由产业结构的相关性决定的。农村是多部门的经济综合体，合理的农村产业结构首先应该遵循部门内有机联系的机制，各部门的产业规模和发展水平既需要与当地的自然和经济资源条件相适应，又需要做到部门间彼此协调、相互促进。例如，林业能对其他各生产部门的正常生产提供保护，但这种保护只有当森林覆盖率达到一定比例时才能真正有效。

　　在乡村的产业策略引导下，空间协调的合理局面应该是产业主导空间、多元空间的结构融合。在确立主导产业后，各相关产业与空间应协调发展。现代农村的产业结构已由传统农业为主转向一、二、三产业融合发展，同时出现厂房、市场、合作社等新型的产业空间。对农村各产业之间是否相互协调的判断，可以通过产业需求适应性判断法、市场供求判断法来分析确定。

　　（2）乡村资源充分利用。资源稀缺性是经济活动的重要约束条件。国民经济各产业的发展都要消耗劳动力、资本、土地、企业家才能等生产要素。特别值得注意的是，农业对于气候、生物、土壤、水及其他资源的依赖性很大，而农村产业的主要原材料大部分来自当地的农副产品和矿产资源，农村服务业中的运输、仓储、销售等又是为农业和农村工业服务的。因此，农村各产业的发展必然受当地自然资源条件的约束，超越资源允许范围发展产业是不可行的。

　　产业空间的设置可利用既有优势资源，沿用传统优势产业与引进优势资源的产业。每个地区都可以找到既能充分发挥自然优势又能充分发挥经济优势的产业结构。而资源一般具有多用性，产业结构调整应该充分利用这一特点，尽可能使资源物尽其用。各种资源的利用率、农副产品的利用率、劳动力的利用率、资本利用率等均是衡量农村资源利用状况的基本指标。

　　（3）产业发展可持续性。社会需求是随着生产力和居民收入水平的增长不断提高的，而农村产业结构也会随着社会需求的变化作出相应的调整。随着乡村产业结构的升级、主导产业的发展与转型，产业策略引导的空间形态应符合产业发展可持续性的要求。如在乡村的产业升级规划中，将产业对接旅游供给侧改革，可以改变不合理、不平衡的旅游供给侧结构，助力乡村旅游产业的升级。

　　农村经济系统是一个复合型的生态经济系统。农业是自然再生产和经济再生产两者相结合的物质生产过程，农村工业空间一般以农业为依托，农村的生产服务业空间通常是为农村工农业服务的，因此农村产业发展对空间的生态环境具有较强的依赖性。

　　3. 乡村产业协同发展策略

　　（1）深化农业农村改革。政府应积极推进农村产权制度改革，重点推动土地三权分置和集体资产权利的改革。随着一、二、三产业融合发展，车间与田间、加工与物流将更多地紧密相连，完善用地政策，必须有配套政策予以保障。同时继续深化农村金融体制改革，在确保政策性金融供给的同时，积极开展金融制度创新，提高村镇银行的覆盖面，拓展商业银行对农村信贷业务范围，支持新型农村金融合作组织健康发展，实现在资本资金方面全力协助农村一、二、三产业融合发展。农业农村在要素层面进行改革，能为农村一、二、三产业的深度融合扫清障碍。

（2）加快培育新型农业经营主体。编制新型农业经营主体规范发展的实施方案，整体推进各类经营主体加快发展。推进土地向农民专业合作社、家庭农场、专业大户、龙头企业有序流转，鼓励农产品加工流通型龙头企业和城市工商资本进入种养业。各主体通过土地租赁或入股，以不断注入现金等形式，持续推进适度规模经营和专业化、标准化、集约化生产。乡镇还需加快龙头企业转型升级，并围绕制约龙头企业发展的技术、资金、品牌、成本等问题，逐个研究，逐个解决。除此，乡镇需要鼓励第一产业中的新型农业经营主体积极发展农产品加工和流通服务业，不断壮大自身产业体系，并开展对涉农企业和农民的技能培训，提高他们对于产业的认知应对能力。

（3）建立和完善利益协调机制。探索建立适合一、二、三产业融合发展的利益协调机制，保障农民和经营组织能够公平分享一、二、三产业融合中的红利。同时，争取尽快出台引导和规范工商资本进入农业的政策性文件。一是在农业合作制基础上引入股份制，比如农民可以出资入股，建立股份合作社，以股份合作制的形式进入农业的二、三产业，直接获得农业经营下游的收益。或者，农民也可以将承包经营的土地以出租或入股的形式，与投资农业的工商企业共同组建股份合作企业或农业公司，从中获得相应的要素收益。二是鼓励工商企业（资本）在农业产业融合中扩展相应领域，如农产品深加工、现代储运与物流、品牌打造与统一营销这些领域，与农民建立利益共同体和共赢机制，提升农业产业化经营的广度和深度，提高产品附加值，并使产业链增值收益更多地留在产地、留给农民。

7.1.5 "产业空间单元-乡（镇）域产业空间结构"组织模式

乡（镇）域产业空间结构是由一个个产业空间单元在该地域系统上互动、作用的产物。产业空间单元的优化，会加快产业要素的频繁流动，增强区域互动，强化乡镇之间的联系，加快区镇产业结构的优化，其根本表征为由产业空间优化倒逼乡（镇）域联动发展（由"分离、分异、分治"到"联合、互补、合治"的转变）（图7-1）。

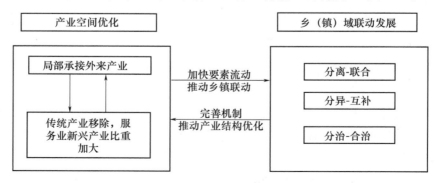

图 7-1　产业空间发展和区镇发展关系图

7.2 乡镇产业空间组织模式类型划分

7.2.1 乡（镇）域产业空间单元类型

1. 农业主导型产业空间单元

区别于传统农业，现代农业是将农业系统与农业经济系统综合统一的产业形式。武汉市近郊区的自然资源丰富，大多乡镇依托其环境优势，大力发展经济林木、蔬菜基地等产业，其产业布局呈现中心加工销售、周边开垦种植的特点。该类乡镇的空间规划考虑中心镇区配套设施的完善，加大各个农业区道路交通的通达性，加强与周边乡镇和城市的交通联系，突出特色生态精品农业主导产业，整合优化农业主导产业区域布局和延伸特色优势的农产品产业链，建设具有较强竞争力的区域特色农业产业集聚区，以满足乡镇经济发展的要求。

2. 工业主导型产业空间单元

工业主导型乡镇的工业大多依靠矿产资源的开发，属于资源依赖型工业乡镇。工业主导型乡镇首先在空间布局上需加强产业规划的引导，且应围绕产业动态、市场分布、发展前景确定产业发展的方向。其次加快工业园区的建设，优化整合产业链条，统筹协调产业发展，形成各具特色、良性竞争、互动发展的产业形态。同时，也要重视鼓励企业实施标准化和精品化的发展思路，争取在有限的土地资源空间上，做成标杆企业、龙头企业。在自然资源的开发利用上加大技术力量投入，提升自然资源利用率。工业主导型乡镇在加大工业园区建设的同时，也需要加大道路交通的通达性，对工业加工类型进行详细划分，避免风向污染和水体污染等环境问题的产生。

3. 旅游主导型产业空间单元

通过旅游业的发展，促进乡镇产业结构调整，从而推动乡镇经济的发展。发展旅游型乡镇需要有丰富的自然资源和特色历史人文资源，其次是要有便利的道路交通，除此之外，乡镇与之配套的餐饮、住宿、娱乐等相关设施也应齐全。乡镇产业布局规划应需从"区域整合"的角度进行考虑，当发展一个县或者区的旅游景点时，需将各个乡镇的景区连接起来，形成一个成体系的景观区，并加大周边配套设施的完善，尤其加大路网的完善，达到交通的便捷性。对特色乡镇需提升其乡镇面貌，结合景观游览区的距离远近，发展"自助采摘园""自助种植园""农家乐"等产业，整合产业资源，发挥出区域旅游品牌效应。

7.2.2 乡（镇）域产业空间构成

（1）农业型：以绿色产品为出发点，大力推行健康养生的现代化有机农业，努力建设特色农产品供应基地。其用地和布局基本上以政府划定和农户自主开发为主。

（2）农业＋工业型：发展现代化农业，可以为工业发展腾挪出所需要的大量土地资源。再通过工业反哺农业手段，加速农业的现代化，提高农业单位面积的产出效率，也能为工业的发展提供所需的土地资源。

（3）农业＋农旅型：依据乡镇产业发展的现状、资源和空间形态的条件，开展绿色农业、有机农业、农业服务等。具体发展思路是在乡镇产业发展的过程中推广新农技术、新农产品，逐步发展农业服务产业和农业旅游产业等。

（4）农业＋农旅＋工业型：依托乡镇的区位优势和便捷的交通条件，以及丰富的自然景观和历史人文景观而形成的商贸服务产业和观光旅游产业的结构模式。在该模式下，乡镇发展应充分发掘自然山水资源，结合乡镇自身区位及交通，打造独具观光休闲特色、服务设施完善的风情乡镇。

（5）农旅型：该类型适合在交通便捷、具有良好自然资源和人文历史资源的乡镇地区开展。以服务商品经济、方便居民生活为主要特征，经营项目以市场服务为主，最终目的是实现乡镇经济的发展。

（6）农旅＋工业型：乡镇在农产品深加工产业的基础上配套设施物流商贸流通和农旅休闲产业，从而形成资源开发、市场引入、配套设施完善的产业模式。

7.2.3 乡村产业空间优化路径预判

1. "分区-分类"空间规划方法

所有产业的发展都需要一个载体——土地，乡镇的土地为产业发展提供了空间和场所。从乡镇的空间形态上看，乡镇所提供的建设用地面积比较有限，再加上河流及过境道路的分割和镇区不能无限沿河谷走势轴状延伸，因此其空间形态是影响镇区发展扩张的限制因素，所以产业发展对产业的规模及用地均有较高的标准要求。

（1）自然因素。自然因素划分为自然条件和自然资源两个方面，自然条件包含了气候、水文和地理等相关因素。自然因素的分布决定了社会生产生活的分布，自然资源的分布影响了产业的发展定位。在产业活动中，产业活动首先向最优的自然条件和自然资源靠拢，在降低成本的过程中也发挥了地区优势，形成了具有一定规模的产业结构，进而完成产业地域划分的大格局。在产业布局中，自然条件决定了第一产业的分布地区，第二、三产业主要取决于自然资源的分布情况。自然因素对第三产业的影响主要指的是风景旅游业。

（2）道路交通。道路交通改变区域交通条件、促进各种生产力要素的空间转移和重组。大多乡镇的交通系统较为简单，根据镇区的规模和所在位置，交通的主要功能仅为满足镇域联系和过境道路交通。交通路网的密集度与交通可达性决定了乡镇产业的外联程度，同时也决定了产业的布局方位。

2. 产业空间优化路径预判

结合试点区域实践案例和上述研究方法，利用"分区-分类"空间规划方法对乡镇产业空间模式进行初步预判，主要为"职能综合型、农旅统筹型、协作分工型"这三类乡（镇）域产业空间组织模式[①]，并以这三大类来推进大城市近郊区乡村功能完善和城乡一体化建设（图 7-2）。

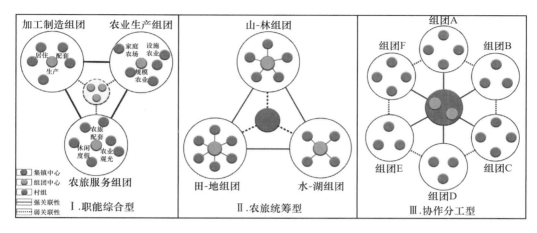

图 7-2　产业空间组织模式预判图

（1）路径一：职能综合型。乡（镇）域内部分别形成以加工制造、农产品生产、农旅休闲产业为主导的产业空间组团，每类产业组团的空间布局存在较大差异性，但各组团内部均配备完善的服务设施。

此模式的产业类型以农业和农业发展结合、农旅和工业发展结合、农业农旅和工业结合发展为主，每种产业类型之间相对独立，各自发展完善。

（2）路径二：农旅统筹型。乡（镇）域内部的自然资源较为丰富，农旅产业基础好。该模式围绕乡镇"山、水、田、湖"等自然资源，集合周边居民点，建设不同产业业态类型的农旅产业空间组团，且组团内部配套完善的服务设施和基础设施。

此模式的产业类型以农旅发展、农业和农旅发展结合为主，通过整合利用当地自然环境资源，形成农旅统筹发展的开发建设。

（3）路径三：协作分工型。围绕不同类型的农产品生产，基于多元化的农业合作模式（完全市场化、横向一体化、纵向一体化），乡镇内形成相互协作、相互分工的多功能产业空间单元。乡镇集镇中心提供综合服务，各类农业产业空间单元内部包含基础型服务设施。这类模式是大城市近郊区发展规模农业与设施农业和建设新型职业农业队伍的主要基地。

此模式的产业类型以农业发展为主，根据乡镇的土地利用情况，种植不同类型的农作物，大力推行现代化有机农业，建设周边乡镇特色的农产品供应基地。

---

① 潘悦，韩瑞，庞添．"三权分置"对乡村产业空间的激活效应研究［J］．规划师，2021，37（14）：27-33．

7.3 空间组织模式一：职能综合型

职能综合型产业空间组织模式的重组策略

职能综合型产业空间组织模式强调一、二、三产融合发展，这是党中央、国务院在我国经济步入新常态、农业农村发展进入新阶段背景下的重大战略决策，也是今后一个时期对我国农业农村经济发展提出的新任务、新要求。新常态背景下，我国产业结构的调整力度正逐步加大，跨行、跨领域间交流日益密切。一些融入互联网技术的企业蓬勃生长，目前已取得引人瞩目的成绩。当前，在产业融合理念的指引下，"互联网＋""创客""众筹"等新思维、新思路应运而生，这也证明了此组织模式在探索崭新业态的同时，仍具有广阔而活跃的发展空间。

本书中职能综合型产业空间组织模式的重组策略借鉴苏南乡村产业空间的优化策略，并提出如下空间重组策略：

1. 产业融合发展趋势

就目前产业融合发展的实践情况看，乡村一、二、三产业融合包含多种形态，并按照不同的标准可分成不同的类型。从所涉及产业的关系来看，可分为横向产业融合和纵向产业融合。前者主要是指产业链的拓宽，即农业具有了其他产业的功能。后者主要是指产业链的延伸，即农业与其他产业联系在一起（表7-2）。

表 7-2 近郊区产业融合发展趋势

类型	名称	举例
横向产业融合	一、三产之间的融合	观光休闲农业、创意农业、会展农业、籽种农业、环保农业
纵向产业融合	垂直一体化模式	农业产业化龙头企业
	分工合作模式	"公司＋农户""合作社＋农户""公司＋合作社＋农户""公司＋合作社＋基地＋农户"
	空间产业集聚模式	"一村一品""一乡一业"
	循环经济模式	"种植业-养殖业-生产物资产业-种植业"循环模式

2. 优化理念

根据空间界面理论的定义，空间界面是在一定条件下，不同性质的资源要素相互作用而成，其具有异质性、频繁性、复杂性、敏感性、过渡性和相对稳定性的特点。不同的空间界面能形成一定的界面加成效应，即行为主体存在从实际占有的生态位向理想生态位靠拢的趋势，而界面汇合为多种系统边缘，行为主体一旦占有界面中的理想生态位，就会产生"生命活动更为活跃，生产力显著提高"的加成效应。基于大乡村产业空间效应和整个空间系统的分工与合作，通过一定形式增强农业空间（都市农业）、工业空间（传统工业）以及服务业空间（新兴产业）的内在协作，达到资源在空间上的最优配置。以促进三次产业联动发展而形成"3×2×1"即"3!"乘积效应的空间发展理念，形成优于产业空间三个子空间分立的空间生产效应（图7-3），不仅能充分发挥服务业空间的提升作用，还能促进工业空间带动农业空间的联动发展。

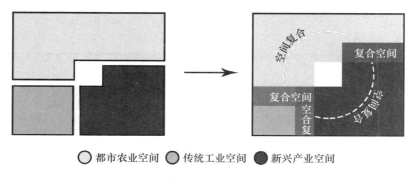

○ 都市农业空间　○ 传统工业空间　● 新兴产业空间

图7-3　"3!"空间发展理念

3. 职能综合型产业空间优化重组

根据现阶段乡镇不同发展类型的具体情况而体现的不同侧重困境，提出不同侧重的优化策略。具体如下：

（1）"1+2"型联"3"即"都市农业+传统工业"型和"新兴产业"盘活存量建设用地，提高建设增量。针对"1+2"产业空间发展型乡村空间增量不足的侧重困境，建议在现有乡村建设用地指标的基础上，对乡村建设用地空间的现状进行整理，以清理出闲置或者利用率不高的农业空间、工业空间及居住空间，联"3"发展，以拓展服务业空间的方式，逐渐盘活存量建设用地，提高建设增量。在工业空间逐渐向农副产品加工等转型发展实现"2×1"的同时，发展"3"，最终实现"3"（图7-4）。"3"主要指乡村旅游空间及其相关配套空间等服务业空间。

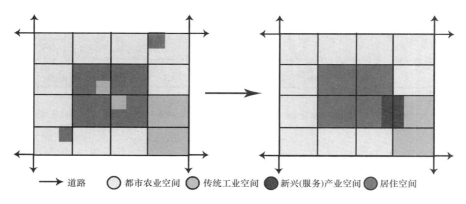

→ 道路　○ 都市农业空间　○ 传统工业空间　● 新兴(服务)产业空间　● 居住空间

图7-4　"1+2"型联"3"发展空间示意图

（2）"1+3"型融"2"即"都市农业+新兴产业"型融"传统产业"发挥联动综合效应，平衡就业容量。针对"1+3"产业空间发展型，面临着乡村空间容纳就业人数有限的困境，建议在对现有乡村建设用地指标进行整理的基础上，适当调整各用地指标，结合农业及服务业有针对性地发展工业，融"2"发展，以拓展工业空间的方式增强不同产业空间的联动性。在服务业空间逐步与农业空间互动发展实现"3×1"的同时，适当发展"2"，最终形成"3"，平衡就业容量（图7-5）。"2"主要是指食产品加工空间、手工艺品制作空间等涉农涉旅的工业空间。

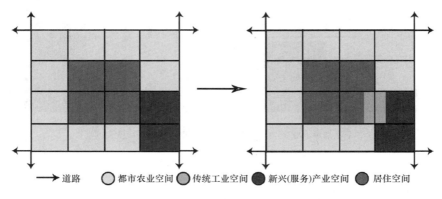

图 7-5 "1+3"型联"2"发展空间示意图

（3）"1+2+3"型即"都市农业+传统工业+新兴产业"互动创新传承文化产业，提升空间文化。针对"1+2+3"产业空间发展型乡镇乡村空间缺乏创新传承文化特色的困境，本书建议以文化产业为纽带，增强农业空间、工业空间及服务业空间之间的互动联系，将产业空间三个子空间由简单的相加变为乘积，实现"3"，以发挥更大的文化传承效应以及经济效应（图7-6）。

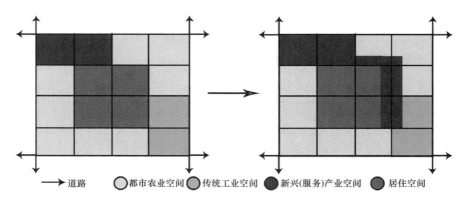

图 7-6 "1+2+3"型发展空间示意图

7.4 空间组织模式二：农旅统筹型

农旅统筹型产业空间组织模式的重组策略

在产业融合和不断优化升级的外部背景下，农业正处于由传统向现代转型的关键时期。农旅统筹型产业空间重组即强调旅游资源应与具有比较优势的地区结合，传统农业产业应形成农旅特色产品的产业空间，发挥两者经济的最大效益。以传统农业园区为例，传统产业园区拥有良好的景观生态基础，具备多样性的景观元素和特色休闲游憩空间，在城乡一体化、美丽中国和生态文明建设快速推进的进程中，在"自然融入城市"的现代城市建设思想指导下，应将其建设成为城市特殊类型的农业公园绿地。这样既可以改善和提升区域生态环境，又能缓解城市公共绿地的承载压力。

本书农旅统筹型产业空间重组问题借鉴了南京滁河大农业园区发展规划中有关农旅统筹的相关经验，并提出如下优化理论和空间重组策略。

1. 优化理论

依据产业融合理论，产业之间应互相渗透、交叉、重组，这样有利于提升产业的生产效率、创新力与竞争力。旅游业作为综合性、关联度较强的行业，日益呈现出与农业"跨界"融合的优势。"农旅融合"模式就是产业融合的一种重要形式，农业与旅游业融合发展，能够孕育出农业园区发展的新业态。该模式是农业园区新的增长点和动力引擎，最终有利于城市的可持续健康发展。

2. 现状发展问题

传统农业园区为我国农业新技术的示范推广、农业产业化经营、农民增收、新农村建设等方面作出了积极的贡献，也对我国经济发展与城镇化建设具有重要作用。然而，随着经济转轨与产业转型发展，这类农业园区在发展过程中不断呈现出一些问题与瓶颈，主要有以下几个方面：产业结构单一，附加值和关联度低；基础设施落后，公共服务配套不足；景观环境品质较低，乡村特色体验空间营造不够；休闲服务项目较少，旅游多样性需求缺失等。

3. 农旅统筹型产业空间转型重组策略

（1）构建农旅一体化的产业融合体系。产业复合是农旅融合的基本条件。农业为旅游业提供物质保障，旅游业为农业提供信息和资金，两大产业有较多的合作"融点"。从产业复合的角度分析，农业是永恒的基础产业，"农、林、牧、副、渔"与旅游产业的"吃、住、行、游、购、娱"在产业链上具有较强的产业关联度。各产业相互融合，形成经济集合，从而增加农业和旅游业在广度和深度方面的关联，进一步促进农旅共生发展。

（2）建构农旅一体的基础设施与公共服务支撑体系。要建立一个与现有城市高度统筹、高效运行、高度一体化的乡村综合实体，必须通过旅游服务功能的导入，形成一个发展结构清晰且完整的农旅融合型园区。以产业融合、农旅融合带动园区发展，在平衡游客量的基础上进行弹性开发，强调农业生产与旅游产业平衡，完善各类公共服务配套设施与基础设施。

（3）保育乡村生态格局，挖掘乡土生态景观地域特色。在城乡绿地系统视角下，农业园所在区域本身就是其中重要的构成板块或子系统。乡村景观生态格局的修复与保护是传统农业园区转型发展的重要内容。乡镇应该巧妙利用本地自然条件，使村落与沃土良田、山形水势有机融合，形成山、水、田园、阡陌、村落和谐共存的生态人文景观大格局，从而构成旅游型大农业景区空间系统的基础。针对区域乡土景观特色资源条件，规划应提出景观特色化发展策略，为村镇构建生态保育与景观保真的发展体系。

（4）组构"旅游＋农业"的功能复合空间。功能融合就是农业生产、农业景观、农业文化、农业生态等功能与旅游的"吃、住、行、游、娱、购"六大功能要素产生的功能混合反应，即在具有特定功能与作用的具体事物中注入旅游属性。目前，单一功能的传统农业园区在规模效益上出现发展瓶颈，倒逼产业必须导入新的功能与要素。然而，在旅游观光休闲度假功能中引入农业园区，既能为城市提供服务，也能成为农业园区可持续发展的核心动力。例如，当前农民自住的乡村农舍植入旅游功能后，可以变成以家庭兼业方式经营的民宿客栈或者农家乐，并在其具体事务上实现农旅功能的融合。显然，农业相关功能可以成为关联旅游业的关键"融点"。

7.5　空间组织模式三：协作分工型

协作分工型产业空间组织模式的重组策略

协作分工型产业空间重组强调将处理工序关联度很高或资源循环关联度很强的产业集群空间进行转型升级。这为我国乡镇产业集群带来了经济的飞速发展，也给环境带来了严峻挑战。产业集群面临的资源环境问题迫使其寻找一条新的转型升级道路，而循环经济作为节能减排的重要手段，成为优化资源配置、保护环境的重要方式。两者结合，优势互补，可以构建一种经济效益与生态效益统一的产业集群发展模式，为产业集群的转型升级提供新的生机与活力。

1. 现状发展问题

目前协作性产业集群发展面临两大问题：其一为资源环境问题。产业集群按企业价值链的构成链条进行长期粗放式的生产经营，很少考虑企业间的生态链，这给外部环境带来了较大压力。再加上我国产业集群主要集中在技术含量较低、附加值较低的传统制造业和商贸业，产品竞争力主要靠资源禀赋换来的低价格来维持，这在一定程度上也加大了环境压力。另外，由于产业集群中企业分布较为集中，集群消耗的资源与产生的废弃物也相对较多，这就使得废弃物的排放超过了环境的自净化能力，对环境造成了很大的负面影响。其二为资源的有限性制约了产业集群发展。产业集群是一群企业的集合，但它也跟单个企业一样，有着特定的生命周期，它将经历萌芽、成长、成熟、衰退四个阶段。在萌芽、成长阶段，群内企业通过地理上的优越性不断地进行资源共享、能量互动，这使得企业间交易成本降低，获得规模优势，竞争力凸显。但是随着产业集群规模的扩大，群内企业消耗的资源越来越多，由于资源的有限性和稀缺性，企业生产所必需的能源、水电等生产要素出现短缺，导致生产要素价格不断攀升，企业间出现恶性竞争，进而破坏市场秩序，使资源得不到优化配置，产业集群进入衰退阶段，成本优势丧失，集群整体竞争力下降，进而制约了产业集群的可持续发展。

2. 发展理念——产业集群与循环经济的耦合

产业集群发展方式与循环经济发展模式具有一定的相似性。一是两者都有在地理位置上相互集中的趋势。二是两者都能通过行业间或企业间的网络关系形成产业链网。三是两者都能产生外部经济性。如果将二者融合为一体，既可以通过产业集群所具有的规模效应、知识溢出效应产生的创新能力，促进产业集群对循环经济的吸纳能力，又可以通过减量化、再使用、再循环的循环经济发展模式提高资源配置效率，减少环境污染。两者有机结合、优势互补，可以构建一种经济效益与生态效益统一的产业集群发展模式，从而为产业集群的转型升级带来新的生机与活力。

3. 协作分工型产业空间重组策略

产业集群是实施循环经济的重要载体。由于产业集群具有知识溢出效应，当竞争企业或互补企业竞相研究循环新技术时，这种趋势就会在产业集群中蔓延，并能为循环经济的发展不断提供良好的渠道。根据物质守恒原理，生产中产生的废弃物要么再次被循环使用，要么被排放到自然环境中。当废弃物不能被产业集群中的企业循环利用时，就需要对剩余的废弃物进行集中处理。集群企业空间上的集聚使得污染的治理相对集中，这也大大降低了多个单个企业的污染治理成本，一定程度上为循环经济的开展创造了条件。

8　乡镇多业融合发展策略

8.1　策略一：把脉——系统性综合评估策略

8.1.1　综合评估策略——总体论述

1. 意义

系统性综合评估策略是对乡镇产业经济发展的整体把脉，对乡镇产业经济发展优势、劣势、机会与威胁进行基础研究，为制定立足基础、强化比较优势、弥补发展短板的产业经济发展战略奠定坚实基础。主要表现在以下三个方面：一是外部优势的利用与劣势的规避策略。二是内部立足基础，强化优势，针对问题弥补短板策略。三是创新产业业态，注重文化活力的识别与激活，发展文化产业。

2. 内容

系统性综合评估主要包括三大内容：区位与周边环境评估、现状与资源评估、乡镇文化活力识别与激活。

其中，区位与周边环境评估是乡镇产业经济外部环境的系统性评估策略，其重点在于区位价值与市场竞争关系的识别。不同地理区位上，乡镇产业经济导向下的价值选择与功能定位均会不同。如宏观来看，近郊区乡镇产业大多为城市配套服务型，而远郊区乡镇则更多地发展自身服务型产业；微观来看，企业基于交通、信息、技术、基建等成本的考量，会选择分布在道路沿线或者基础设施建设较为完善的区域。而在不同的经济区位（周边环境）上，渐成规模的同类产业的空间集聚，可能产生规模集群优势，也可能形成同质化恶性竞争，而分工协作型、市场弥补型产业的空间集聚，则会走向竞合。此外，社会、政策等外部环境都会间接影响乡镇产业经济发展战略的制定。

现状与资源评估是乡镇产业经济内部环境的系统性评估策略，其重点在于产业发展现状水平的判断与资源优势的识别。前者是识别产业发展基础与乡镇产业经济发展问题的关键。欠发达乡镇产业发展现状的共性是：产业结构单一，发展低效，亟待转型，而细究其根源普遍性的是资源优势不明显、产业发展底子薄的问题。因此，后者作为进行资源普查、对比评估的重要手段，也是为乡村依托核心资源优势，创新产业业态，实现产业转型提供支撑。

乡镇文化活力识别与激活是当下乡镇文化产业发展的重要盘活策略，也是在血缘、地缘关系下，以文化为依托创新经营主体，实现多元主体协作分工，助推乡村产业兴旺，构建以村组为单元的"业缘"纽带的过程。前者具体表现在以乡土建筑风貌、民俗活动、革命历史等为最大卖点的乡村旅游，以及相关文创性衍生产品。后者具体表现为以村组的协同价值取向为基础，创建"乡镇-企业/合作社-村组-农户"的利益联结机制，在主观能动的作用下，集中土地、劳动力、资本、技术、知识以及政策等优势，合力发展乡村产业。

3. 一般步骤

系统性综合评估要求通过上述三大内容的评估，形成全面而整体的认识，为产业发展战略制定、路径选择提供基础的研究支撑。由此，三大内容构成如图 8-1 所示的梯度递进研究关系与步骤图。

第一，区位与周边环境评估，是从宏观视角、区域层面进行的乡镇区位价值、行业竞争、竞合关系等方面进行研究，其为乡镇产业的发展提供了外部环境分析。

第二，现状与资源评估，是从微观视角，即乡镇自身产业发展水平及资源质量方面进行研究，为乡镇产业的发展提供了内部环境分析。

第三，乡镇文化活力识别与激活，是以乡镇生产要素为主的全面要素激活，以效益提升为出发点，进行文化保护传承下文化资源的充分利用。

基于此，评估应进行优势、劣势、机会以及威胁分析，为 SWOT 分析下的产业经济发展战略制定奠定了坚实基础。

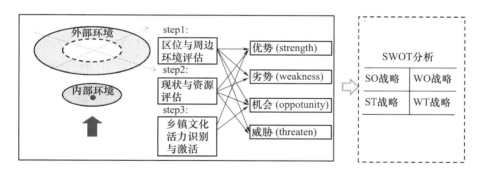

图 8-1　系统性综合评估步骤及逻辑

8.1.2　区位与周边环境评估

8.1.2.1　区位评估的作用、要点与方法

1. 区位评估的作用

区位评估作为衡量区位价值的重要手段，为不同产业提供集市场需求、区域竞争、地租成本、交通成本等于一体的"区位选择适宜性评估"，对产业区位选择具有指导意义。乡镇企业的各个产业都面临着多种区位选择的难题，经过比较、权衡，最后选择一个最佳区位。这就提出了一个不同区位优势的比较问题，产生该问题的根本原因在于两

个方面：一是区位具有区位价值属性，不同产业均追求高需求的地理区位来增加销售量，但它们在应对竞争风险、地租成本等方面的能力也会不同，因此需要区位选择。二是不同的区位反映了不同的产业定位，不同产业需要选择与之匹配的区位。具体来讲，产业定位包括地方性投入定位、市场需求定位、运输成本定位、空间集群定位、产业集聚定位、自然资源定位以及市场区定位。即不同的产业类型、不易转移型区位要素的依赖性不同，依赖性强的产业自然地选择供给条件较好的区位。不同的区位反映了不同的市场需求，区位条件越好，购买力越强。交通是运输、信息乃至制度成本的基本表征，交通运输条件较好的区位会降低运作成本。专业化的产业易于集群发展，同时也可能引起较大的内部竞争。产业经济的辐射能一定程度扩大自身的其他产业需求，形成多元业态的集聚。强势资源型地区宜优先发展，构成以市场为点的市场区，形成统一的商品标准化流通规则。

2. 区位评估的要点

（1）区位评估要素的选择必须客观全面且具有时效性。早前刘世定在《乡镇企业的区位选择和区位有效性》中指出早期的农业区位、工业区位等经典理论都有其局限性，它们局限于地理经济的约束，忽略了制度、文化、人文环境等社会因素的影响。而在中国，恰恰是这些非经济要素在发挥着巨大作用，其主要表现在整体的大部分乡镇企业并不是按照节约交通成本进行选址（建在主要资源供应地附近），而是大多设立在乡镇或者乡村社区内。细究其根本原因，作者从制度政策角度、企业主体目标、土地价格和人际关系环境四个方面分别作了解释，并把中国乡镇企业的区位优势归结为"制度区位优势"。另外，乡镇企业及其所在社区构成了中国农村中的"单位制"，成为传统单位制整体在农村瓦解之后最后的遗留。从当前来看，乡镇企业除承担着带动经济发展的职能，也发挥着为社区居民提供就业渠道、为村镇提供社会保障、引导村级自治管理的作用。企业逐步向"辖村"方向发展：一是村委会日常开支以及村级福利体系的资金均来源于企业利润，村域内公共设施的建立和完善由企业承担。二是企业与村委会一套领导班子的管理模式，使企业辖村有了更直观的意义。村企一套领导班子的管理模式，进一步加强了村企之间的利益连带关系。

（2）区位评估要素的选择具有针对性。针对不同的乡镇产业区位选择偏好，客观的区位评估必须要进行全面的影响要素选择。其主要包括：社会经济因素与自然环境因素两大类。其中，社会经济因素包括劳动力（劳动力的数量和素质）、科技发展水平、基础设施（交通运输、电力设施等）、市场竞争等；自然环境因素包括气候条件、地形条件、地理位置等。而针对具体产业，如农业、工业、商服旅游业，各评估要素的重要性是不同的。且侧重点不同，评估要素的选择也会不同。因此，区位优势针对性地描述特定产业某区位下利好大于弊端的特征，如小规模的设施农业会选择近郊区是因为交通便利、需求大的利好远大于地租的高额成本，但规模农业却无法在其近郊区用其盈利平衡高昂的地租。区位评估是在客观要素选择基础上，与要素重要性主观判定相结合的过程，其结果是针对具体产业类型进行的"定性＋定性"判断。目前该重要性常见的定量判定方法主要有熵值法、特尔斐法、灰色关联法，但由于量化的实操性不强，目前定性评估方法占主流（表8-1）。

表8-1　基于人类活动的区位评估要素选择

人类活动	区位因素（因地制宜）		区位因素的发展变化（因时制宜）
	区位因素（因地制宜）	社会经济因素	
农业	地形、气候、土壤、水源等自然条件决定某地区适宜发展的农业类型，特别是气候的影响更为突出	市场、交通、科技、政策等决定社会经济因素，其中市场区位及需求的变化更为重要	自然因素比较稳定，但可对不利因素进行改造；社会经济因素（如交通运输条件、技术、市场、政策等）发展变化较快，对农业区位影响较大
工业	原料、动力（燃料）、土地、水源等，工业生产对自然因素的依赖性较小	劳动力、市场、交通运输、政策、环境等	原料、劳动力的数量的影响逐渐减弱，市场力素质逐渐增强；交通及住处的通达性、技术、环境标准、政策环境等因素的影响越来越显著
旅游	先决条件：旅游资源的游览价值（质量、集群状况和地域组合状况）制约或促进因素：市场距离、交通位置及通达性、地区接待能力、旅游环境承载量		

3. 区位评估的方法

不同的地理事物有不同的空间位置，同时区域间自然与社会经济条件（区位因素）的不同导致各类活动的地域空间形态有着显著的差异。因此有效地对不同类型的人类活动进行区位分析与评价，需要构建认识复杂人文地理现象的统一方法（图8-2）。

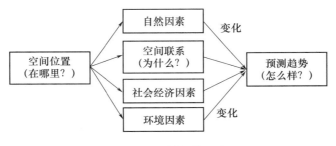

图8-2　区位评估思路

各区位因素对农业、工业和城市发展的影响不尽相同。要进行区位分析，首先必须了解影响各产业活动和城市的影响因素。熟练掌握这些基础知识，是进行区位分析的基本前提（表8-2、表8-3）。

表8-2　农业的区位因素及其影响

区位因素	对农业发展的影响
气候	水、热、光条件影响农作物的分布、复垦指数和产量
水源	年降水量少于250毫米的干旱地区，灌溉水源是决定性因素
地形	不同的地形区（坡向、坡度、高度），适宜种植不同的作物

续表

区位因素	对农业发展的影响
土壤	作物生长的物质基础；不同的土壤类型，适宜生长不同的作物
市场需求	市场的需求量最终决定了农业生产的类型和规模
交通运输	主要影响商品农业的区位，园艺、乳畜业等产业要求有方便快捷的交通运输条件
国家政策	世界各国的农业都受到国家政策及政府干预手段的影响
科学技术	影响农业区位的重要因素，但通过影响其他因素而影响农业区位
工业、城市的发展	在城市郊区及工矿区周围，往往形成以生产蔬菜、肉、畜、禽、蛋为主的农业生产基地，以城市为中心，低价（租）呈递减分布

表 8-3　工业区位因素及其影响

工业部门门类名称	区位选择的基本原则	代表部门
原料指向型工业	运输原料成本较高（原料制成产品后质量大大减轻），原料不便于长距离运输（易变质、损毁等）	甜菜、甘蔗制糖，水果、水产品加工，低品位炼铁等
市场指向型工业	运输产品成本较高（质量、体积减少不多或有增加），产品不便于长距离运输（易变质、损毁等）	家具、印刷、啤酒、食品等
动力指向型工业	能耗大的工业，一般要求接近能源供应地（特别是资源丰富、廉价的水电基地吸引力很大）	有色金属冶炼（炼铝、炼钢、合金等）
廉价劳动力指向型工业	需要投入大量劳动力，应该接近有大量廉价劳动力的地区	普通服装、电子装配、包带、制鞋等
技术指向型工业	技术要求高，应接近高等教育和科技发达地区，一般要求环境优美，临近高速公路与航空港	集成电路、卫星、飞机、精密机械等

基于上述思路，区位分析一般可以从以下几个方面入手：

（1）明确区域的地理位置，包括绝对位置（经纬度）和相对位置（海陆位置等）。这是进行区位分析的前提。因为只有在明确位置的前提下，才能对当地的地理环境进行揣测和分析，但是这些突破点往往为题目的隐含信息，需要结合区域地理相关内容来进行。

（2）推测区域内主要的地理事物和地理现象，如气温、降水、山脉、河湖、自然资源、人工建筑物或自然灾害、生产变化等现象。这是进行区位分析所需的条件，只有正确获取了区域地理环境相关内容，才能进行正确的区位分析。

（3）分析区域的优势条件与限制性因素，因地制宜，进行合理的区位布局。

（4）解释区域内存在这些地理事物和现象、优势与劣势的原因。

（5）提出解决所存在问题的措施与发挥优势的对策。

此外，区位评估应该遵循以下三大原则：一是综合性原则。一个地区各地理事物的合理布局必须是综合考虑了该地区的各种自然因素和社会经济因素后，根据地理事物发展的具体要求和人类社会生活的需要作出的综合部署，具有很强的综合性，因此在进行区位分析时，也应充分运用题目中的各种条件，在充分分析当地的地理环境的基础上，再进行区位分析。二是主导性原则。影响地理事物区位选择的因素很多，如气候、地形、土壤、河流、资源、交通、市场等。各要素对不同地理事物的区位选择的影响程度是不同的，不同的地理事物，区位选择所考虑的因素也不尽相同，但每种地理事物在特定条件下都有一个主导因素。因此，确定了该地理事物区位选择的主导因素，合理的区位选择也就顺理成章了。三是区域性原则。地理事物的区位选择是在特定的区域内进行的，因此，区位分析一定不能脱离"区域"这个前提。四是动态性原则。影响各事物区位选择的因素是不断地发展变化的，因此在进行区位分析时，也要用动态的眼光来分析。例如：劳动力数量对现代工业区位选择的影响力逐渐降低；劳动力素质对工业区位选择的影响力增加；原料对工业区位选择的制约越来越弱，而市场往往成为其区位选择的决定性因素；等等。

8.1.2.2 周边环境评估的作用、要点、方法

1. 周边环境评估的作用

大背景下的周边环境评估会对乡镇产业发展的大环境形成粗略认知，识别来自周边环境的产业正向以及逆向作用，对有效制定"趋利避害"的产业发展战略、强化外在环境优势、削弱不利因素影响具有重要指导意义。主要基于以下三个方面考虑：一是市场竞争。区域范围内同类产品的需求是有限的，近距离同质化的市场竞争会导致产业面临淘汰危机，此外，区域范围内异质产品的购买力是有限的，近距离无法产生两个经济增长极。二是产业协同。一类是以全域旅游和跨区域旅游为代表的、符合广大市场需求的产业发展模式；另一类就是分工协作型的跨区域产业集群发展模式。三是其他的技术、政策环境的扶持。乡镇目前作为脱贫攻坚的"最后一公里"，是政府重点扶持的对象，产业振兴大背景下的乡镇产业技术服务、政策制度会得到政府的大力支持。总而言之，基于周边环境评估，乡镇的产业选择需遵循以下原则：一是小范围同类产业集聚，发挥规模经济效益，提升区域市场竞争力；二是大范围避免趋同，增加互补性产业，引导产业结构调整走向区域竞合；三是产业应充分利用政府提供的优惠政策，有效减少运作成本。

2. 周边环境评估的要点

产业的外部环境分析主要包括宏观环境分析、行业环境分析和竞争对手分析三个方面。

（1）宏观环境分析。宏观环境分析是企业制定发展战略的基础，一般来说，企业的宏观环境分析主要包括政策环境分析、经济环境分析、人文环境分析、科技环境分析等。

（2）行业环境分析。现代企业只有对所要涉足的投资领域进行充分的行业分析，才能"知己知彼"，使企业立于不败之地。通常来说，行业竞争因素主要有行业当前的竞争状况、新进入者的威胁、来自替代品的压力和行业容量（或生产能力）等内容。

（3）竞争对手分析。一个完备的企业战略，必须明确竞争对手，当把竞争对手作为

一个战略环境因素对待时，主要分析其在市场份额、财务状况、管理水平、产品质量、员工素质、用户信誉等方面构成的影响。其中，又以财务状况和产品质量等方面的影响为主，因为这两方面对企业竞争力产生的影响是相对较大的。如果最后评定的综合实力与主要对手接近，则宜于寻找新的增长点，如开发新产品、开拓新市场等，否则难以发挥自身在竞争中的优势。

3. 周边环境评估的方法

（1）PEST 模型。PEST 分析是指宏观环境分析。宏观环境又称一般环境，是指影响一切行业和企业的各种宏观因素。对宏观环境因素作分析，不同行业和企业根据自身特点和经营需要，分析的具体内容会有差异，但一般都应对政治和法律、经济、社会自然和技术这四大类影响企业的主要外部环境因素进行分析。简单而言，称之为 PEST 分析法（图 8-3）。

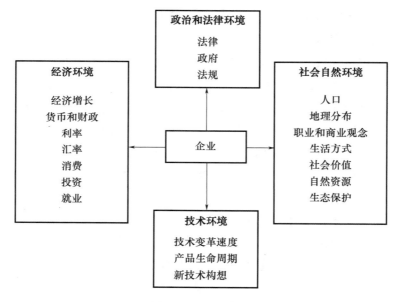

图 8-3　PEST 模型

（2）波特五力分析模型。该模型又称波特竞争力模型。主要用于竞争战略的分析，其中的五力分别是：供应商的讨价还价能力、购买者的讨价还价能力、潜在竞争者进入的能力、替代品的替代能力、行业内竞争者现在的竞争能力。五种力量模型将大量不同的因素汇集在一个简便的模型中，以此分析一个行业的基本竞争态势。五种力量模型确定了竞争的五种主要来源，对于产业的外部行业竞争应对策略制定具有指导意义（图 8-4）。

上述两种方法各具特点，前者从乡镇企业经济的外部环境分析，基于"发展观"理念，从政治和法律环境、社会自然环境、技术环境以及经济环境四个方面展开分析，探索适宜产业长远发展的土壤。后者则基于"生存观"理念，从潜在进入者、买方、供方以及现有公司间的争夺与替代品五方，探索乡镇经济在不利环境下的应对能力。

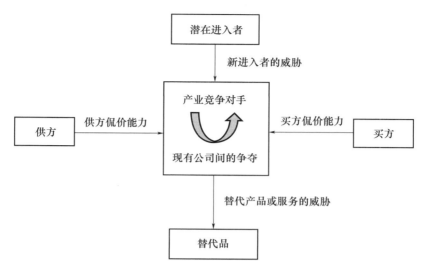

图 8-4　波特五力分析模型

8.1.3　现状与资源评估

8.1.3.1　现状评估的作用、要点、方法

1. 现状评估的作用

现状评估是具体针对乡镇内部生产要素及产业经济要素的全面评估，是有效识别产业发展短板、评判乡镇产业发展综合水平的重要举措。它不仅为乡镇产业体系类型选择奠定核心基础，也为产业发展困境突围指明了方向。一方面，以发展规模小为典型问题的乡镇企业，必须立足现有的产业规模化、集聚化、专业化发展，形成规模经济，强化产业市场竞争力。另一方面，以产业结构单一为普遍问题的乡镇产业经济发展，必须立足现有的基础产业，构建以该产业为核心的产业体系，逐步促进乡镇产业多元发展，向"多业融合"过渡，最终实现产业结构的转型。

2. 现状评估的要点

（1）乡镇产业经济发展基本面识别。乡镇产业发展现状评估是在农经年报研究及乡镇调研访查的基础上，对产业发展基本面的研读，其重点集中在以下五个方面。一是战略制定：发展意向研究，明确战略制定的背景、时效以及存在的问题；二是产业发展：产业结构、产业规模、产业类型、产业布局等研究；三是环境营建：政策环境研究（土地、人口、资金等）；四是组织运营：产业经营运作模式研究；五是制约因素约束：生态红线、基本农田红线以及其他功能区准入要求。

（2）辩证识别发展短板，转变劣势。在乡镇产业经济发展基本面研究的基础上，着重进行产业发展的问题识别，主要表现在产业上的发展活力不足、空间上的破碎与矛盾。在乡镇产业形势日趋向好的大背景下，我们需要辩证地看待发展劣势，补齐短板，转变劣势。产业上，注重特色资源挖掘，乡村经济多元发展；经营上，坚持党建引领，发挥党组织的战斗堡垒作用；格局上，明确定位，科学合理布局产业；资本上，争资立项，充实产业发展资本；生态上，注重生态，坚持绿色可持续发展等。总体而言，产业发展通过有效引导，制定具有针对性的产业发展路径，可进一步扩大乡镇产业发展潜力。

3. 现状评估的方法

（1）静态的同等对比分析法。同等对比分析法主要是指比较分析法，其是通过实际数与基数的对比来提示实际数与基数之间的差异，借以了解经济活动的成绩和问题的一种分析方法。

在现状评估中，静态的同等对比分析法其应用主要体现在可量化要素的评估，具体包括：镇区/乡村人均年产值、城市化水平、非农人口占比、产业结构、产业规模、投入（技术、资本、用地规模等）等。通过与同时期、同省份或同市县乡镇均值对比得出该结论。

（2）动态的趋势预测分析法。趋势预测分析法亦称时间序列预测分析法，是根据事业发展的连续性原理和应用数理统计的方法将过去的历史资料按时间顺序排列，然后再运用一定的数字模型来预计的一种预测方法。

在现状评估中，动态的趋势预测分析法其应用主要目的在于通过评估要素的变化趋势，来进行相关前景预测。其中在乡镇产业发展中具有预测需要的要素主要包括：镇区/乡村人均年产值变化趋势、产业结构变化趋势、城镇化水平等。通过 5 年以上相关数据的自身对比分析，分析其走向，可对该要素的变化趋势做出预判，从而发现部分要素发展后劲不足的问题。

（3）GIS 辅助的空间不均衡性分析法。GIS 辅助的空间不均衡性分析法是借助 GIS 对空间图斑进行"空间属性＋其他属性"耦合分析的方法，是在国土空间规划体系下，基于 GIS 空间分析功能的生产要素不均衡的研究方法。

现状评估中，GIS 辅助的空间不均衡性分析法主要应用在可量化且带空间属性的生产要素评估中。目前比较常见的主要包括：人口分布、产业空间布局（连片度、集聚度等），以及空间布局冲突等问题识别等。

（4）综合定性分析法。综合定性分析法是依据预测者的主观判断分析能力来推断事物的性质和发展趋势的分析方法。这种方法可充分发挥管理人员的经验和判断能力，但预测结果准确性较差。它一般是在企业缺乏完备、准确的历史资料的情况下，首先邀请熟悉该企业经济业务和市场情况的专家，根据他们过去所积累的经验进行分析判断，提出初步意见，然后再通过召开调查座谈会方式，对上述初步意见进行修正、补充，并作为预测分析的最终依据。

现状评估中，综合定性分析法主要应用在一些不可量化复杂要素的评估。主要包括环境影响预测（水土地质环境、大气环境）、社会环境评估（人口布局、经营主体组织、土地流转、金融改革）等方面。

8.1.3.2　资源评估的作用、要点、方法

1. 资源评估的作用

基于资源视角，"没有饭碗与金饭碗都会致贫"。前者主要是指区域由于资源匮乏，不具备开发潜力，导致支撑人类基本实践活动需要的生产要素缺乏进而引发的贫困，即资源欠缺型贫困，这也是我国大部分乡镇在区域基础资源同质化、资源优势不明显、产业低效、结构单一发展模式下产生的贫困。后者则主要是指自然资源十分充足，但是不满足目前可持续发展要求，资源转化资本能力受限情况下的资源富足型贫困，即"资源诅咒"下的贫困。整体来看，资源型贫困即资源挖潜不到位导致的资源被漠视型欠缺，以及单一资源"一枝独秀"的发展困境。因此，资源评估作为全生产要素的综合评估策略，是资源全面挖掘、创造多元资源形式的重要手段，不仅为后续资源欠缺型乡镇着重培育文化产业、旅游产业逐步实现乡村振兴奠定了基础，还为资源充足型乡镇构建多元可再生产业、实现产业经济转型提供了可能。

此外，目前多因子的综合适宜性评价为主要手段的资源评估，能打破传统"人治"模式下的单纯"定性分析"定势，具有空间属性的多因子"定量分析"不仅为评估手段提供了更科学的支撑，更重要的是为各类型产业的合理布局提供了指导意见。目前主要的评价形式分为两类：一是正向选择型，如农业用地适宜性评价、空间开发适宜性评价、建设用地适宜性评价等；二是逆向推导型，如生态敏感性评价、水资源敏感性评价等。

2. 资源评估的要点

(1) 资源的认知。人类对资源的看法，历来都是以对人与自然关系的认识为基础的。从技术进步和生产力发展的角度来看，经济发展可以分为三个阶段：劳力经济阶段、自然经济阶段和知识经济阶段，而不同阶段会形成新的资源观。目前普适性的资源划分方法是按照资源的性质划分，具体划分为自然资源、社会经济资源和技术资源。其中，自然资源具有分布不平衡性和规律性、有限性与无限性、多功能性与系统性的特征。社会经济资源具有以劳动力资源、技术资源、经济资源、信息资源等社会资源为典型的社会性、流动性、主导性与不均衡性特征。另一种划分方法则是按照具体用途来划分，分为农业资源、工业资源与信息资源（含服务性资源）。

(2) 评估体系的构建。本书提出在自然资源、社会经济资源和技术资源识别的基础上，依据资源用途差别化构建的农业资源、工业资源以及乡村旅游资源评价体系。其中，农业资源评价是指对农业资源的状况进行调查、分析与评价，其典型为农业适宜性评价。工业资源评价是在明确工业类型、基础规模等选址的基础上，主要从环境承载力及其对周边其他生态、生活空间的影响进行综合评价。乡村旅游资源评价体系最具代表性，主要从市场需求、市场竞争、资源禀赋、社会及政策环境以及开发潜力等方面进行综合评估。本书在文献分析的基础上对上述三大资源评估做出如图 8-5 所示的评价体系。

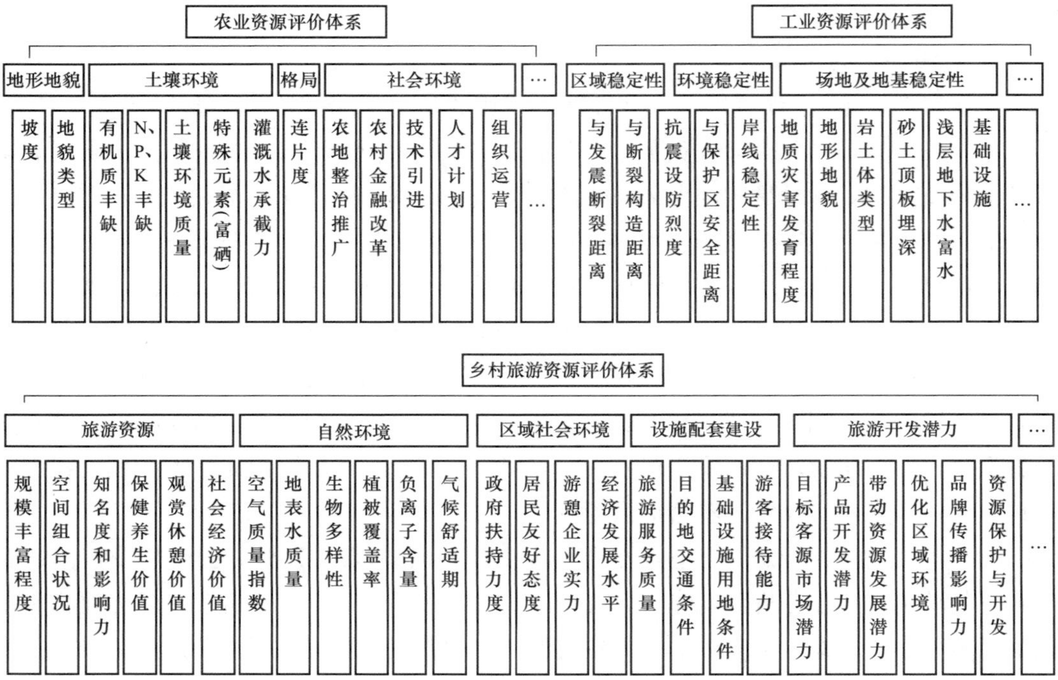

农业资源评价体系

地形地貌 | 土壤环境 | 格局 | 社会环境 | ...

坡度 | 地貌类型 | 有机质丰缺 | N、P、K丰缺 | 土壤环境质量 | 特殊元素（富硒） | 灌溉水承截力 | 连片度 | 农地整治推广 | 农村金融改革 | 技术引进 | 人才计划 | 组织运营 | ...

工业资源评价体系

区域稳定性 | 环境稳定性 | 场地及地基稳定性 | ...

与发震断裂距离 | 与断裂构造距离 | 抗震设防烈度 | 与保护区安全距离 | 岸线稳定性 | 地质灾害发育程度 | 地形地貌 | 岩土体类型 | 砂土顶板埋深 | 浅层地下水富水 | 基础设施 | ...

乡村旅游资源评价体系

旅游资源 | 自然环境 | 区域社会环境 | 设施配套建设 | 旅游开发潜力 | ...

规模丰富程度 | 空间组合状况 | 知名度和影响力 | 保健养生价值 | 观赏休憩价值 | 社会经济价值 | 空气质量指数 | 地表水质量 | 生物多样性 | 植被覆盖率 | 负氧离子含量 | 气候舒适期 | 政府扶持力度 | 居民友好态度 | 游憩企业实力 | 经济发展水平 | 旅游服务质量 | 目的地交通条件 | 基础设施用地条件 | 游客接待能力 | 目标客源市场潜力 | 产品开发潜力 | 带动资源发展潜力 | 优化区域环境 | 品牌传播影响力 | 资源保护与开发 | ...

图 8-5　农业/工业/乡村旅游开发适宜性评价体系

（3）资源评估的方法。目前资源评估的主要方法是层次权重分析法（AHP）。所谓层次权重分析法是将与决策总是有关的元素分解成目标、准则、方案等层次，在此基础之上进行定性和定量分析的决策方法。即在评价因子选取、评价体系构建的基础上进行的多因子打分以及权值赋予，最终加权叠加，量化得到综合评估结果的方法。具体计算方法如下公式所示。

$$w = \sum_{j=1}^{5} b_j w_j \Big/ \sum_{j=1}^{5} b_j$$

式中，w 为最终的评估值；b_j 为某参评因子的标准化数值；w_j 为 b_j 因子对 w 的重要性程度，即权重值。

由于该方法中存在很多主观赋予的数值，因此为使最终结果更加科学，大部分学者针对其权重值的量化过程进行了深化，主要分为熵权法与模糊综合评价法。

熵权法：熵原是热力学中的概念，表示物质系统所处的状态，后由 Shannon 将其引入信息论用以表示系统内部的稳定程度。当信息熵越小时，信息无序度就越小，则信息效用值越大。在综合评价中运用信息熵确定权重的基本思想为，根据指标在待评单位之间的变异程度确定，变异程度越大，则该指标包含的信息量越多，在综合评价中所起的作用就越大，权值相应也越高。如果每个方案的某项指标值全部相等或较为接近，则其提供的信息量也较低，其对方案的区分能力较弱，权重也较小。熵权法可以尽量消除各指标权重计算中的主观干扰，使评价结果更接近实际。

8.1.4 乡镇文化活力识别与评估

1. 识别

文化本质上是人类活动方式与活动成果的辩证统一，人作为乡镇文化系统的创造主体以及载体，不仅携带着历久弥新的文化基因，而且正在不断地丰富文化内涵。

乡镇文化作为乡镇的个性化名片也代表着地方区域的精神，是地方经济、社会、历史等特色资源相互融合激发乡镇活力而形成的综合产物，是区域竞争的根本软实力。随着人们对文化产品的多样化需求，将地方文化进行现代性的解构与重构，包装形成满足多样化需求的文化创意产品。该文化产品推广模式已逐渐成为推动地方乡镇区域经济发展的重要路径。

文化产业是提供文化产品及文化相关产品的生产活动的集合。发展文化产业实际上很大程度就是对传统文化进行现代性重构，将乡镇文化资源进行系统脉络梳理、科学评估与深入内涵挖掘，通过符号化的抽象和创意元素的投入进行创作与生产包装形成文化产品，再通过文化产品的集聚化生产、规模化发展以及产业链的优化形成文化产业的过程。

文化作为乡镇振兴的精神内核，不仅具有较强的渗透性和辐射力，还与其他传统乡镇产业和新兴产业有高度的融合性。联动地方传统优势产业，大力发展文化-产业有机融合路径有其逻辑性与必然性。以文化特色为内核，将乡镇传统优势农业、加工业、商业等进行有效整合，可形成多维度和深层次的新型产业架构，利于发挥多产业竞合优势形成资源协同效应，从而激发乡镇发展内生活力。以"大旅游"主题——文化旅游产业园为例，特色文化为先导可以奠定旅游园区的文化基调，丰富整个产业园的内涵，打造园区核心竞争优势。除此，乡镇还可以通过文化带动旅游的发展，提高整个园区的客流量，以达到聚集人气的效果，而丰富的客流量又可为当地传统农业、加工业和房地产康养行业的发展提供重要机遇。

2. 评估

乡镇文化发展困境主要有以下三点：

一是乡镇文化建设主体空心化。城市发展的"外溢效应"对乡镇人员产生"虹吸"，乡镇人员由于追求短期现金收入参与城市化与市场化的洪流，内外力量导致乡镇文化发展的资源要素（人才、资金、技术）流失，从而削弱了文化发展的根基。

二是文化服务供给侧结构性失衡。乡镇居民的文化需求更加多元，传统的公共文化服务供给模式与居民文化多样性需求之间形成结构性失衡。

三是传统乡土文化认同危机。中华文化的本质是乡土文化，但在现代性所带来"都市眼光"的寻视下，乡镇地区人们的文化生活方式和生活内容逐渐向城市靠拢，城市文化简单植入使乡土原生环境出现严重的脱域化现象。

为激发乡镇发展的内生活力，经过对文化发展困境成因与难点的分析，特提出以下突围路径的选择：

（1）乡镇文化资源系统脉络梳理和科学评估。在开发利用乡镇文化资源之前，应对地方区域文化资源进行系统的脉络梳理，将文化资源按照不同的类型、属性、特征等进行梳理和归纳。并对其进行科学评估和研究分析，综合考虑资源的品质、价值、效用、发展预期和传承能力等几项指标，最终依托现状综合评估结果，确定地方文化发展目标定位。

（2）挖掘消费需求，优化文化服务供给。首先应评估乡镇文化资源和居民需求，避免公共文化服务供给侧和居民需求侧脱节；其次，乡镇文化发展和服务要以引导消费，满足精神文化需求为目标，所以文化资源的创意表达应以消费者为导向，挖掘并激发消费者的体验需求，充分体现创意产品的个性化、人性化和体验感受等特点。根据消费者的需求结合当地居民的情况来综合考虑本区域文化的开发内容和发展模式，优化乡镇文化服务供给。

（3）乡镇文化整合，展示乡土文化张力。乡镇文化"整合"的内涵丰富，形式多样，既包括对乡镇物质文化、精神文化与制度文化的整合，以实现文化的系统建构，也包括传统与现代、本土文化与外来文化的整合，实现文化现代性重构。更为重要的是对乡镇文化各类价值进行整合与转化，实现科学价值、艺术价值、历史价值向经济价值的转化。"展示"就是要充分体现出乡土文化的张力，这既是乡镇文化获得生存的重要路径，也是乡镇人们对自身所处地区文化自信的重要体现，其能够使乡土文化认同获得现代性升华。

（4）乡镇文化-产业有机融合发展。发展乡镇文化，要牢固树立全局谋划、全方位推进、全要素配套、全产业联动、全社会参与的乡镇产业发展观，依托地方丰富的历史文化资源和生态文化资源，将区域特色和文化元素融入农业生产、农产品加工、农业观光、旅游康养等业态中，赋予业态更多文化内涵。与此同时，还应以业态产业链为纽带，以主题文化为切入点，构建地方特色产业体系，丰富产业内涵，提高产品档次，增强地方乡镇多业融合竞合优势。乡镇以发展"大旅游"主题为例，以文化为内核，明确文化和旅游资源融合发展的资源关联、技术关联、市场关联、功能关联融合点，寻找到融合发展的有效路径与策略，打造生态旅游产业，形成立体产业体系，从根本上脱离传统旅游业的单维性。

8.2 策略二：保障——资源环境保护与设施配套策略

8.2.1 乡镇"双评价"的内容与作用

8.2.1.1 "双评价"的主要内容

"双评价"是个简称，由资源环境承载力评价和国土空间开发适宜性评价两部分构成。资源环境承载力评价是指在一定发展阶段，经济技术水平和生产生活方式、一定地域范围内资源环境要素能够支撑的农业生产、城镇建设等人类活动的最大规模。国土空间开发适宜性评价是指在维系生态系统健康的前提下，综合考虑资源环境要素和区位条件以及特定国土空间，进行农业生产城镇建设等人类活动的适宜程度。

8.2.1.2　乡镇"双评价"作用

首先，乡镇往往是传统农业区，也是山、水、林、田、湖、草等重要的生态保护区，开发敏感度较高。因此，乡镇需要在具备科学依据的大前提下筹措开发意向，不仅是在根本上基于生态安全、粮食安全保护的考虑，更重要的是在实际上为开发行为和行为者提供法理。其次，乡镇进行产业开发以及开展多业融合项目的核心在于项目的落地性，即合适的乡镇空间供给产业用地需求，需要在上述合法要求下进一步寻求合理的发展空间，"双评价"则是满足两者要求的现实途径。并且其意义不在于片面地追求空间保护或产业开发，而在于辩证地看待两者关系，兼而有之。

8.2.2　基于"双评价"的乡镇产业空间格局优化

借鉴乡镇"双评价"方法，进一步充分考虑其产业发展过程中产业的根植性、兼容性等影响因素，构建乡镇产业空间优化模型，以指标体系形式评价相应产业空间。产业的根植性是指现状乡镇产业用地在未来发展中的可能性，即对现状产业发展水平、阶段的评估。产业的兼容性是指土地资源转化为产业用地的可能性，即未来产业发展类型、规模的预估。根据产业空间格局优化评价结果进行评估，即通过结果与现状实际校核，确保科学客观研判与实施管理合理衔接，并得到"符合实际""好用"的产业空间管控划定。具体校核内容主要涉及林业、土地、生态等不同职能部门，将预判结果与管控边界、管控强度等进行比对，查缺补漏，剖析差异，互相补充与完善，继而形成协调一致的产业空间格局。

8.2.2.1　体系一："农业-现代农业"产业融合空间优化指标体系

对于"农业-现代农业"产业融合体系，要结合农业发展实际需求，充分考虑循环农业、规模农业、智慧农业、设施农业以及特色农业在镇域内的落地情况，按照指标因子进行集成评价，预判"农业-现代农业"产业融合的可开发空间（表8-4）。

表8-4　农业-现代农业产业融合空间优化指标体系

指标系统	指标名称	指标解释
空间系统	高程	研究区 DEM
	坡度	地表单元陡缓的程度
	水域	河流、水库缓冲区
	土质	土壤构造和性质对于农业生产的适宜程度
	永久基本农田	划定的永久基本农田保护区
	地块集中度	用于农业生产的土地斑块集中程度
	……	……

指标系统	指标名称	指标解释
	循环农业	现状循环农业用地缓冲区
	规模农业	现状规模农业用地缓冲区
产业系统	智慧农业	现状智慧农业用地缓冲区
	设施农业	现状设施农业用地缓冲区
	特色农业	现状特色农业用地缓冲区

在空间系统中，是以农业用地的条件为主要参考依据，特别是以地块的平整性、集中度为要，其中还包括用于种植的灌溉资源。同时，永久基本农田本身就是发展大农业的最佳实验区，几乎具备了农业空间系统的基本条件。在产业系统中，以现状现代农业发展情况为主要发力点，在有一定发展基础的情形下，外围缓冲区域是搭建大农业体系的目标性空间，这也进一步体现了产业的根植性和兼容性。

8.2.2.2　体系二："农业-旅游"产业融合空间优化指标体系

对于"农业-旅游"产业融合体系，首先应将现状规模农业产品视为乡村旅游资源，即农业产品依托其特色预估对于游客的吸引性。根据相应旅游资源类型充分考虑发展特色农业-观光型旅游、设施农业-体验型旅游、传统农业-休闲型旅游、智慧/循环农业-教育型旅游等产业。其次，按照指标因子进行集成评价，预判农业-旅游产业融合可开发空间（表8-5）。

表8-5　农业-旅游产业融合空间优化策略

指标系统	指标名称	指标解释
	交通优势度	道路交通沿线缓冲区
	农产品观赏性	农产品根据其特色对于游客的吸引性
空间系统	植被覆盖度	ENVI下植被覆盖度的遥感估算
	坡度	地表单元陡缓的程度
	地块集中度	景观斑块的集中程度
	……	……
	特色农业	现状特色农业用地缓冲区
产业系统	设施农业	现状设施农业用地缓冲区
	传统农业	现状传统农业用地缓冲区
	智慧/循环农业	现状智慧/循环农业用地缓冲区

在空间系统中，交通优势度是发展旅游业的先决条件，农产品旅游资源是其可持续发展旅游的可能条件。在产业系统中，以现状农业发展情况为要，自身区域为旅游目的地，其外围缓冲区域是旅游目的地的辅助空间，如接待中心等。

8.2.2.3　体系三："旅游-康养"产业融合空间优化指标体系

对于"旅游-康养"产业融合体系，其特点是建设用地指标需求量大、交通便捷度影响高、山水等环境资源要求苛刻。因此要依托相应资源环境类型，充分考虑近远郊区山水资源型休闲旅游-医疗养老服务-医疗养老地产的一体化发展，并按照指标因子进行集成评价，预判农业-旅游产业融合可开发空间（表8-6）。

表8-6 旅游-康养产业融合空间优化策略

指标系统	指标名称	指标解释
空间系统	高程	研究区 DEM
	坡度	地表单元陡缓的程度
	地形起伏度	最高点高程与最低点高程的差值
	区位优势度	乡镇集中建设区缓冲区
	交通优势度	道路交通沿线缓冲区
	地质灾害	不良地质现象评估
	水域	河流、水库缓冲区
	……	……
产业系统	旅游产业	现状旅游区、风景区缓冲区
	房地产业	现状房地产业缓冲区

在空间系统中，首先以建设用地适宜性评价为基础，其次审视交通区位条件。在产业系统中，既可以在现状旅游产业空间外围发展房地产业，也可以在现状房地产业空间外围发展旅游产业，由此二者可以形成互补关系。

8.2.2.4 体系四："农业-加工-旅游"产业融合空间优化指标体系

对于"农业-加工-旅游"产业融合体系，其特点是单一产业单打独斗向一、二、三产联合打组合拳转变，主要目的是用于农业科研及其再转化。因此其空间发展对于交通需求、农业产业发展需求、科研用地等要求较高。再按照指标因子进行集成评价，预判农业-加工-旅游产业融合可开发空间（表8-7）。

表8-7 农业-加工-旅游产业融合可开发空间评价体系

指标系统	指标名称	指标解释
空间系统	高程	研究区 DEM
	坡度	地表单元陡缓的程度
	地形起伏度	最高点高程与最低点高程的差值
	土质	土壤构造和性质对于农业生产的适宜程度
	交通优势度	道路交通沿线缓冲区
	水域	河流、水库缓冲区
	……	……
产业系统	规模农业	现状规模农业用地缓冲区
	加工产业	现状加工产业用地缓冲区
	旅游产业	现状旅游产业用地缓冲区

在空间系统中，充分考虑三种产业模式的发展需求（参考前三种体系）。在产业系统中，对现状规模农业、加工产业、旅游产业进行缓冲区分析，分析得出其交叉区域即是较优的发展空间。

8.2.3 设施配套与生态保护

8.2.3.1 配套设施问题辨析与优化思路

产业配套设施从狭义上说是产业生产环节的辅助工具，是围绕核心产业环节互补的技术和服务手段。从广义上讲，产业配套设施是一种根据自身条件和外在环境，为产业发展的供需关系提供保障设施，在产业间和产业内作为一种互补功能存在的要素，包括技术手段、政策支持、人才培养等。

传统乡镇在发展时因"欠发达"的客观困境，其产业配套设施甚至公益性配套设施都或多或少存在不平衡、不充分问题，如何高效解决配套设施不足？这一精准扶贫的前置性问题，成为了乡镇必须面对的难题。在当前国土空间规划背景下，"高质量的空间治理"成为了当下规划界讨论的主题，所以乡镇在集约高效利用空间资源的同时，更应根据其产业体系类型科学合理地安排配套设施类型和布局。

1. 体系一："农业-现代农业"型产业体系配套设施

对于"农业-现代农业"型产业体系，在做配套设施规划时，应尽可能考虑"农业-现代农业"发展的特点，现代农业相比于工业和服务业，一般要求的服务配套虽然较少，但也应按照相关标准科学合理地进行配置，并根据产业空间合理集约进行规划和建设，避免占用农田空间。

2. 体系二："农业-旅游"型产业体系配套设施

对于"农业-旅游"型产业体系，相比于现代农业，旅游产业对于配套服务设施要求一般较高，其服务用地、停车设施、市政配套需要保障数量和提升质量。例如对于山区乡镇，道路交通这个最基本的配套设施较差，容易出现外面游客和投资进不来，里面资源和产业出不去，行路难的情况，所以对此类型乡镇首先应解决的就是道路问题。

3. 体系三："旅游-康养"型产业体系配套设施

对于"旅游-康养"型产业体系，其产业配套虽与"农业-旅游"类似，但其对生活便利和生态环境的要求更高，同时也需要保障其服务用地、停车设施、市政配套以及商业配套等必要设施的数量和质量。例如区位不佳的欠发达乡镇，自身停车设施、商业配套设施不健全，又难以借力周边地区，游客停车难、基础购物难，产业发展也就会较为艰难。

4. 体系四："农业-加工-旅游"型产业体系配套设施

对于"农业-加工-旅游"型产业体系，由于二产工业的介入，一、二、三产业能够形成合力，打出组合拳的优势。但与前面几个产业体系相比，其产业配套需考虑仓储、物流的合理数量和选址位置，同时又要考虑工厂建设选址对于生活以及生态的影响。此类乡镇的设施配套不仅直接关系到当地居民的居住体验和生活幸福，同时也间接影响了产业的发展（表 8-8）。

表 8-8　多业融合体系下产业配套设施安排

体系类型	基础配套设施	服务配套设施
体系一："农业-现代农业"型产业体系	田间作业道等交通设施	农用机库房、灌溉沟渠等产业设施
	供水、供电等基础设施	休息场所
		厕所、医疗救护设施
体系二："农业-旅游"型产业体系	道路交通设施	旅游接待设施（包括停车场、酒店、饭店等）
	供水、供电、通信、排水、消防等设施	旅游购物设施、娱乐设施
		厕所、医疗救护设施
体系三："旅游-康养"型产业体系	道路交通设施	旅游接待设施（包括停车场、酒店、饭店等）
	供水、供电、通信、排水、消防等设施	休闲购物设施、康养设施
		厕所、医疗救护设施
体系四："农业-加工-旅游"型产业体系	道路交通设施	仓储、物流设施
	供水、供电、通信、排水、消防等设施	旅游接待设施（包括停车场、酒店、饭店等）
		商业服务设施、娱乐体验设施
		厕所、医疗救护设施

8.2.3.2　多业融合可持续发展下的乡镇生态环境保护

党的十九大报告中提出产业兴旺是基础，生态宜居是关键。在国土空间规划背景下，"双评价"作为"产业-空间"耦合发展的前提，乡镇产业发展需要对标"双评价"，注重对生态的保护与延续。乡村产业发展需要以维护生态功能和保护生态价值为主线。换言之，在乡镇经济发展过程中，根据不同的多业融合产业体系，乡镇需要保护和延续其原有的山、水、林、田、湖等美好的生态环境（表 8-9）。

表 8-9　多业融合体系下生态环境保护要求

体系类型	生态环境保护要求
体系一："农业—现代农业"型产业体系	科学合理开垦农田
	协调生产、生活用水、排水问题
	保护湖泊资源
体系二："农业—旅游"型产业体系	合理安排项目开发量
	保护林地和山体
	垃圾的运输和处理
体系三："旅游—康养"型产业体系	合理安排项目开发量
	保护林地和山体
	垃圾的运输和处理
体系四："农业—加工—旅游"型产业体系	合理安排项目开发量
	协调工业区与生活旅游区的关系
	保护林地和山体
	垃圾的运输和处理

1. 体系一："农业-现代农业"型产业体系

对于"农业-现代农业"型产业体系，现代农业发展中设施农业、智慧农业、循环农业等都注重对生态环境的保护与利用，其发展对于生态的影响较小。乡镇在发展该类型产业体系时，宜适度开发有机农田，在发展现代农业的同时改善农村人居环境和保持农村生态系统稳定，实现人与自然和谐相处。其次，还需注意农业用水和生活用水的协调问题，产业生活与生产用水宜分开排放，同时要合理利用雨水，促进水资源循环利用，实现生态用水，保护湖泊资源。

2. 体系二："农业-旅游"型产业体系

对于"农业-旅游"型产业体系，其旅游发展由于建立在农业的基础上，其对生态环境的影响不大。在全面决胜小康社会和共同实现中国梦的大背景下，国人的思想素质和生态理念都处于历史上的最高峰，游客普遍具有生态保护意识，旅游产业规划在各类法律规章办法的约束下也将生态环境保护纳入规划的一部分。同时，还需要对旅游产生的生活垃圾进行合理安排，将其运输到垃圾处理厂或者其他地方进行处理，防止垃圾的堆积对生态环境的破坏。另外，例如对于山区乡镇，其产业发展应严格遵循山体保护的相关要求，限制开发强度，保护山体形态和山顶绿化系统，适当提高山体的生态和游览休憩等服务功能（表8-8）。

3. 体系三："旅游-康养"型产业体系

对于"旅游-康养"型产业体系，与"农业-旅游"型产业体系类似，国人的素质和保护环境的意识都较以前大有提升，其产业发展自身也受到各类法律法规以及办法的约束。例如林区附近的乡镇在产业发展的同时应减少对林木的破坏，并相应扩大林地面积，提高森林覆盖率与森林防洪保水能力。

4. 体系四："农业-加工-旅游"型产业体系

对于"农业-加工-旅游"型产业体系，由于存在二产加工业主体，与上述三种产业体系相比，其对生态环境的影响较大，就更需要产业构建时根据生态环境保护要求对工业的选址、生产等环节进行限制和规划指导，从规划上规避其对生态的破坏。同时，根据环境变化灵活调整产业策略，将产业数量和产业开发强度控制在生态环境容量允许的范围内，要"像保护眼睛一样保护生态环境，像对待生命一样对待生态环境"。

8.3 策略三：激活——土地制度与运营组织策略

8.3.1 新时代土地政策支撑产业融合发展

8.3.1.1 土地政策转变倾向

早前我国土地政策受当时国内主要矛盾的约束，工业化、城镇化过程中资本、土地存在限制，其投入方向必然存在对某一方向的偏好，且这种土地政策的地域倾向思想长期存在于我国城市社会经济发展战略之中。在上述背景条件下，土地政策对城镇与农村调控更倾向于对城镇要素的强化，土地政策鼓励农村劳动力、资金、技术流入城镇，虽然暂缓对农村土地价值、社会价值的发掘，强化城镇化和工业化，带动了经济发展，但一定程度上加大了城乡之间的"二元"结构差异。

新时代我国主要矛盾发生变化，土地政策制定的重心转变为平衡农村与城镇在快速发展中的社会经济的差距。为实现"满足人民美好生活需求"这一目标，土地政策改革势在必行。近年来，国家针对城乡现状颁布了若干土地政策，使产业融合成为改变城乡"二元"结构的热点话题，其中以农村土地征收政策、土地承包经营政策、农村宅基地改革政策最为关键。

8.3.1.2 关键土地政策解读

一是新时代背景下，农村土地征收政策是解决城市扩张中对农村土地占有的补偿安置政策，其保障了农村土地权益，缩小了城市土地征收的范围，规范了土地征收程序，完善了征收补偿安置机制，也加强了对土地征收各个环节的控制。

二是新时代背景下，土地承包经营政策是对原有农村土地"三权分置"即集体所有权、土地承包权及土地经营权这三权的进一步完善。保证农村土地承包关系稳定，建立农村集体经营性建设用地入市制度，使农村集体经营性建设用地与国有土地"同权等价"，优化农村产业用地配置布局。

三是农村宅基地改革政策，同样是原农村土地"三权分置"制度的完善，通过严格控制农村宅基地建设标准、禁止城镇居民购买宅基地、鼓励闲置宅基地多属性利用等方式，遏制农村宅基地滥用现状，盘活基地经营权权能。

8.3.1.3 土地政策契合产业融合的具体措施

1. 土地政策鼓励乡村融合项目多元化发展

土地征收政策、"三权分置"运营机制极大缓解了城镇化和工业化中城乡土地结构之间的矛盾，规范城乡发展的程序性，为城镇资本流入乡村创造了前提。不同多业融合项目下对资源的需求不一样，需求包括资源类型和规模，其承载了大部分的城乡产业空间增量。根据产业融合项目需求不同，融合项目承载城镇内部受社会、地租、环境压力"驱逐"的外溢产业，发展适应城镇主城区的农业生产基地及现代农业科研、试点、示范基地甚至是旅游服务供应基地。

2. 土地政策促进金融体系改变

新时代下的土地政策为农村土地的征地、承包、经营和租赁等经营体系提供了新的保障，同时也起到了加快改变传统农村金融体系、流转乡村资本、鼓励城市资本参与农村产业项目建设、支撑产业融合发展的作用。农村土地经营体系变革是农业转移人口市民化、农村就业人口非农化的过程。乡镇应推进农业适度规模经营，鼓励农村地区形成一、二、三产融合，以形成产品多元、多产融合的产业作业单元来突破工业化、城镇化影响下的城乡"二元"结构。

传统农村金融体系没有专门用于乡村产业的专项政策，相关金融环节更关注财政杠杆作用下的农村产业机制。新土地政策体系增加了包括农业加工、文化、田园等类型的大量中小企业进入乡村金融市场的可行性，拓宽了产业项目的融资渠道，刺激了农村金融体系新机制的形成。

3. 土地政策刺激乡镇形成崭新的社会环境

乡村的生活氛围是影响产业融合项目能否成功实施的间接因素。新时代之前土地政策倾向城镇，促使越来越多的农村居民进入城市，使各个乡镇缺少生活气息、缺少劳动力，大量村庄变成"空心村"，这样的现状是进行产业融合的最大阻碍。

宅基地制度中提出新型农村社区的概念，即合并多个"空心村"，建设物质、精神、社会生活丰富且带有乡镇文化氛围的新型农村社区，如福建客家土楼、安徽徽派民居、山西乔家大院等特色鲜明的民居。除新型农村社区形成了崭新的乡镇风貌外，乡镇还鼓励利用闲置住宅发展乡村旅游、农家乐等，由此扩展了宅基地的权能。借新时代土地经营政策提供的优势条件，允许乡镇之外的资金、社会资源投入，特别是城市教育、高新技术等科技行业进入乡村区域，为高新产业的多业融合创造了优质的社会环境。

8.3.2 开发与治理主体的新组织模式推进多业融合发展

8.3.2.1 引领乡镇多业融合的参与主体及其关系

1. 总体架构

近年来，治理能力和治理体系现代化改革的同时，中央进行了农村土地制度改革和对农村土地管理的简政放权，乡镇开发现象逐步按照社会主义市场经济规律演进，开发和治理活动由政府单方面"严格管控"向"多方协作"转变，政府、企业、乡贤、村民（农户）都参与到乡镇开发和乡村振兴中来。因此，乡镇多业融合发展过程中，应实行"行政主导、多方协作、村民（农户）参与"的开发治理模式（图8-6）。

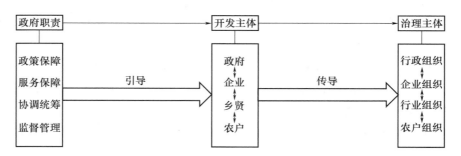

图 8-6 政府职责与开发主体、治理总体的关系

2. 参与主体及其关系

（1）政府主体。乡镇政府在多业融合发展过程中不仅扮演着指挥决策的角色，更是整个过程的推进者。乡镇政府从整个乡镇经济和社会发展的需求出发，大力支持多业融合开发和建设，不仅从政策方面加以引导，还在报批报建等多个环节协助村委会进行土

地开发活动。在协助进行土地开发的同时，乡镇政府获取了诸如管理税费等财政收入，在绩效评估过程中可以为自身形象正名，但同时需要谨防违法土地开发活动，特别是要严肃对待三区三线或其他保护区线等敏感性区域。

（2）企业主体。企业既是多业融合发展的主要实践者，也是资金投入的重要主体。积极引入市场资本投资，是项目落地的决定性环节。在乡镇地方财政有限、传统银行信贷条件较高的情况下，政府资金只能作为引导，起牵头作用。企业运用市场化运作手段，引入社会资本参与建设，不仅可以缓解政府的财政压力，还可以拓宽社会资本的投资渠道，而与此同时将私营部门高效的管理模式引入多业融合发展项目中，又能提高乡镇的发展效率。

（3）乡贤主体。乡贤是乡镇多业融合发展的项目资金来源的特殊渠道。这一群体同企业投资、财政出资均有所不同，除谋利目的外，带有复杂的情感维系——乡愁。当年"仗剑去国，辞亲远游"后获得相应财富的很大一部分乡贤，在城市实现了财务自由，却从未停止对于家乡的思恋。这部分人对家乡建设进行投资活动，力图改变乡村面貌，这是个人价值与集体利益的契合。除地缘和血亲的身份认同外，乡贤在城市建立事业过程中所历练的现代化的管理理念和创新创业精神，在建设乡镇时能够以城市的需求为导向，保证市场价值。

（4）村民主体。村民在多业融合发展过程中，充当关于同意开发的表决者、劳动力、集体股东等角色。开发表决阶段，村民具备最初集体土地使用权，村民意愿直接影响到项目是否能够进行。在项目落地后，积极推动村民就地就业，对于乡村人口流失、失业等社会问题提供了现实解决方案。运营盈利阶段，村民主要通过村集体收租和分红得到相应的集体股份分红，也可以直接将其应用于改善民生、人居环境建设等方面。

在多业融合产业项目开发过程中，县政府组织编制各乡镇多业融合的产业体系，以此指导乡镇产业开发格局。进而结合"产业-空间"耦合研究所划分出的多业融合产业板块（类型）及其适宜开发空间，形成可落地的产业项目库，而后通过土地政策等方式开始招商引资以实现项目正式启动。项目启动后，以"共建、共治、共享"为主体精神，协调各方利益关系，均衡利益分配（图8-7）。

8.3.2.2 乡镇多元主体有效组织推进产业融合发展

我国社会主义市场经济下参与式开发类型众多，不一而足。鉴于上述各参与主体在开发过程中发挥的作用，以及考虑到参与开发方式需要与多业融合体系类型相适应，本书总结出以下几种开发模式。但实际上，多元参与主体组织方式并不局限于此，因时因地的其他合作方式同样重要。

1. "政府+农户"参与式开发模式

这种参与式开发模式的初衷和目的是规避开发过度的风险，是对本土特色资源进行政策性开发保护，防止稀缺资源泛商品化，扶持和引导乡镇的绿色、可持续发展模式。

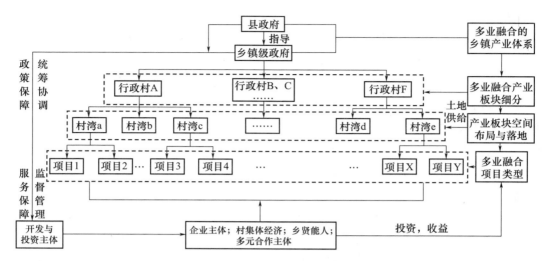

图 8-7　产业项目建设对应的开发主体结构

具体方式是政府直接成立国营企业负责商业运营和管理，并作为项目的规划、基础设施建设、运营维护的主要推动者，相应地，农户则既是开发者也充当相应劳动力。此模式适用于"农业-现代农业""农业-旅游"的产业融合体系，对于永守基本农田和生态保护红线、粮食安全保障、文化遗产保护、风景名胜保护等具有重要作用。

2. "企业＋农户"或"乡贤＋农户"参与式开发模式

这种模式应当是欠发达乡镇开发的最优选择，尤其适用于农村规模化种植、养殖地区，其中部分地区将现有特色农业资源转化为旅游资源。企业或乡贤主体既可以全盘管理农旅项目，也可以单独开发旅游业。这种开发模式一方面可以促进推广和发展当地农村经济作物，另一方面能够保障农户的固定收入来源，更重要的是以市场需求为导向，实现乡村振兴和区域一体化发展。该开发模式适用于前期资金投入较大、空间要求较低的"农业-加工-旅游""旅游-康养""农业-旅游"的产业融合体系。

3. "农户个体"参与式开发模式

对于区位条件较差、资源薄弱的偏远地区，可以将集体农用地规模性地收归到少数农户个体手中。其过程分两个阶段：初期主要实现农业的规模化，消除小农经济现象，提高土地利用效率；后期所有者寻求一定的产业政策扶持等措施将规模农业实现现代化，取缔传统农业耕种方式，提高生产效率。该模式适用于"农业-现代农业"的产业融合体系，能够在一定程度上吸纳当地闲散的劳动力，从而实现"以点带面"的发展模式。

8.3.2.3　加强政府组织是乡镇发展的根本保证

1. 协调统筹

促进乡镇开发的关键，一是解决好利益分配问题，二是在开发过程中协调和消解各主体间的矛盾。只有基于协调利益主体与发挥当地竞争优势的视角下指导开发对策，才能促进产业融合和经济发展。解决这点要从政治宣传、经济调控、社会治理和对各方的心理疏导上进行权衡，进而达成一致的互动目标，形成良性的互动关系。

2. 政策保障和服务保障

构建"小政府大服务"是大势所趋，其能够促进市场经济的发展，在不同程度上也给予产业政策扶持并且推进了公益事业的发展。政府应简化办事程序，精简机构和人员，同时提供优质的公共服务；加强乡镇基础设施的服务保障功能，改造与完善交通、供水、供电和通信等基础设施；完善医疗、教育和文化等服务性设施，保障各参与者的生活需求。

3. 全面监督

在乡镇多业融合发展的过程中，生态空间和农业空间的保护极为重要。以国土空间规划"一张图"为准则，政府应加强对项目的审查，杜绝违法违规开发现象，特别是对于破坏生态环境、侵占永久基本农田的行为要予以遏制。除此，政府还需要围绕资金管理、项目实施等重要工作环节进行监督检查，在充分尊重农民意愿的前提下开展土地出让、使用，以防止村民集体利益受损的现象发生。

9 乡村多业融合的各地经验与借鉴

9.1 大城市近郊区的多业融合——以武汉市黄陂区为例

近年来，黄陂作为武汉市近郊区，围绕木兰山、木兰天池、木兰草原等文化生态旅游资源发展观光旅游，其旅游产业在武汉城市圈处于领先地位，并入选首批国家全域旅游示范区。但区域整体产业体系缺乏有效引导，产业空间乱象，复合型业态难以形成，发展遇到瓶颈，需要跟进多业融合发展的乡镇（街）产业体系研究。本章以黄陂区蔡家榨街凤凰寨村和李家集街宋家集村为例，通过分析其乡村产业融合发展的内在逻辑，着重从多业融合产业体系与模式，以及实施落地方面探索并构建大城市近郊乡镇（街）多业融合发展路径。

9.1.1 现状分析与思路

9.1.1.1 凤凰寨村现状分析

1. 区位

凤凰寨村东邻蔡家榨街道中心，西距黄陂区政府 25 公里，南距武汉市中心城区北缘 60 千米，且天河机场、武汉站等武汉市主要对外交通枢纽都在 1.5 小时车程内。同时，正在建设的王蔡公路穿村而过，造就了木兰草原、三台山、花海乐园、大余湾等景区的过境旅游优势。

2. 资源与产业

凤凰寨村文化资源丰富。凤凰寨有历史悠久并传承至今的龙灯文化，最为鲜明的当属元宵节村里的祭龙大典，故其又称为"龙头之乡"。但凤凰寨村产业结构单一，形成以传统种植农业为主的产业形态。主要粮食作物为一季中稻，主要经济作物为菜叶和苗木，湾内现有产业为茶叶基地和苗木基地，二三产业总量偏小，产业链条短，加工增值率不高，产业集聚度低。

3. 机遇

以黄陂打造木兰康谷为契机，瞄准旅游及康养市场，依托五大优势（时机优势、产业优势、资源优势、市场优势、旅游过境地优势），深度融合龙灯文化、茶文化、财富文化，联动富水湾小镇的景区、康养小镇、老年健康大学等其他项目，以功能化、景观化、特色化的手法将凤凰寨村打造成当地农民安居乐业的家园，以及为旅游休闲者提供接待服务、民俗体验服务、康养度假服务的复合型多功能美丽乡村。

9.1.1.2 宋家集村现状分析

1. 区位

宋家集村西南距黄陂区政府 23.4 千米，南距武汉市中心城区北缘 45 千米。天河机场、武汉站等武汉市主要对外交通枢纽都在 1.5 小时车程内。正在建设中的黄孝公路将从本区穿过，该路是未来武汉市民前往木兰草原、三台山、花海乐园、大余湾、木兰武镇（规划建设中）等景区的主要旅游通道，优越的地理位置造就了宋家集村过境旅游优势。

2. 资源与产业

宋家集村现状自然资源丰富，且位于黄陂四区之一的"传奇木兰"旅游集聚区内，现代乡村的水体和景观植被优势明显，现已开发的有机蔬果基地和特色小镇的发展极具特色。宋家集村的产业结构较为单一，为以传统种植农业为主的产业形式，主要粮食作物为水稻，主要经济作物为蔬菜种植、水果种植和苗木种植。此外，还有少数农户发展小规模养殖。

3. 机遇

宋家集村以美丽乡村建设为契机，以自然山水、田园风光为基底，瞄准市场空白，充分利用荆楚风格、木兰文化生态旅游区的品牌优势，加强文化与产业之间的联动，建设集"文化品位、田园体验、美丽乡村建设"于一体的多功能乡村全域农业旅游景区。

9.1.1.3 多业融合发展思路

近郊乡村具有明显的过渡性和边缘性，其特殊地理位置造就了过境旅游优势，在乡村振兴发展的同时不应脱离农业走非农产业道路。城市化发展需要"粮食安全"的重要保障支撑。

具体而言，近郊乡村宜抓住全面小康建设的重大发展时机，通过自身五大优势，充分高效利用文化联动周边项目，积极开展和建立以项目合作为基础的多业融合产业体系，即根据城乡功能错位互补发展产业融合，通过多个项目的对接和融合，纵向拓宽单个项目、单个行业、单个乡村的产业链，发展细分型和互补型产业，形成多业共发展、共繁荣的格局，同时注重"产业-空间"的匹配、保护与延续，避免空间破碎和走"先破坏后保护的老路"。除此，近郊乡村还需通过当地政府提供的平台、服务和政策，盘活本地资源，来保障多业融合体系的落地性。本书以黄陂凤凰寨村与宋家集村作为大城市近郊乡镇典型，针对性地提出近郊乡村多业融合发展思路（图 9-1）。

9.1.2 模式选择与方案

9.1.2.1 凤凰寨村多业融合发展模式选择与方案

1. 多业融合模式选择与产业体系设计

凤凰寨村为平原兼有山地型近郊乡村，其发展以"大健康"为出发点，抓住乡村振兴的时机，利用其旅游过境地的优势，利用文化对接项目，打造集民俗体验、康养度假

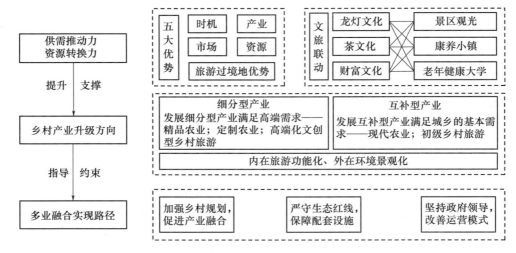

图 9-1　近郊乡村多业融合发展思路

为一体的复合型乡村产业功能集聚区,其模式选择为农旅统筹型产业纵向融合模式,并设计"旅游＋康养"型产业体系。所涉及的产业融合主要包括:从传统农业转型升级的现代农业;旅游设施用房、旅游地产、康养地产建设为主的二产;健康产业、旅游管理对接服务、商业会议服务为主的三产(表 9-1)。

表 9-1　近郊乡村"旅游-康养"型产业体系

体系模式	近郊乡村休闲旅游-特色文化-康养地产-现代农业
动力机制	文化驱动、旅游过境地区位优势驱动、近郊市场驱动
一产	现代农业(苗木基地、中草药基地、茶叶基地)
二产	旅游设施用房、旅游地产(商务、会议、休闲)、康养地产
三产	健康产业(银发小镇)、旅游业(富水湾景区)、对接服务业
融合特点	细分型产业,对接高端文创型乡村旅游

2. 多业融合空间模式构建

凤凰寨村通过"旅游-康养"的多业融合模式,以旅游业、接待服务业、健康产业和现代农业为支撑产业,结合现状产业分布,根据农旅统筹型产业空间耦合模式,最终确定乡村规划结构为"一轴一带三核三片"。其中,"一轴"是交通发展轴,"一带"是滨河湿地景观带,"三核"是乡俗体验村、乡情游憩村、乡野度假村,"三片"是乡野文化特色休闲度假体验片、财富文化体验观光游览片、生态农业发展片(图 9-2)。

3. 多业融合实施落地

凤凰寨村多业融合是依托美丽乡村的建设实践来实现的。总体而言,在规划建设过程中,需要按照旅游、康养、现代农业等相关产业的发展要求来布局美丽乡村的建设。通过发展乡村旅游业,将河流变成文化、康养旅游区,将田园变成可赏可采的观光体验农业园,将村庄变成为游客提供接待服务的聚集区,最终实现内在旅游功能化、外在环境景观化。

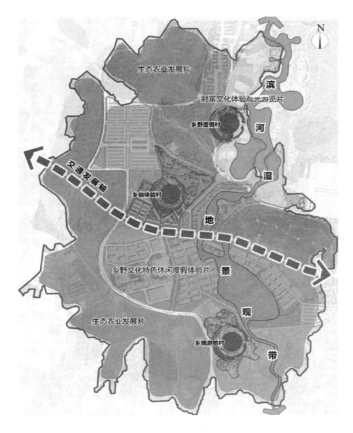

图 9-2　凤凰寨村规划结构图

9.1.2.2　宋家集村多业融合发展模式选择与方案

1. 多业融合模式选择与产业体系设计

　　宋家集村为平原近郊乡村，其农业资源丰富，可利用现状农业资源打造富有乡村地域景观特色的观光农业，模式选择为农旅统筹型产业横向融合模式，并设计"农业-旅游"型产业体系。所涉及的产业融合包括：农业生产为主的一产；民宿、商服、农用房、旅游用房或教育科研用房建设为主的二产；农业生产、销售、管理（物流、仓储）服务，旅游住宿、游乐、展览、科研、管理服务为主的三产（表 9-2）。

表 9-2　"农业-旅游"型产业体系

体系模式	特色农业-观光型旅游
动力机制	迎合大城市休闲、体验、旅游的需求，通过农业带动旅游发展，通过旅游带动农村经济，增加农民收益
一产	资源型特色景观农业生产、传统农业生产
二产	民宿、商服、农用房、旅游用房或教育科研用房建设
三产	农业生产、销售、管理服务（德源农庄），旅游住宿、游乐、展览、科研、管理服务（乡村生活体验）
融合特点	以农业生产为基础，衍生出价值效应较高的观光、体验、休闲、教育等多种类型旅游业及其服务行业

2. 多业融合空间模式构建

宋家集村通过"农业-旅游"型多业融合模式，在已开发的蔬果基地基础上，结合其特有的现代乡村水体与景观资源，通过景观农业、现代农业与乡村建设的协调，基于农旅统筹型产业空间耦合模式打造"一轴一带三片区"的乡村空间结构。其中，"一轴"是村庄核心交通轴，"一带"是环村滨水风光带，"三片区"是文化活力区、生活集群区、绿色生产区（图9-3）。

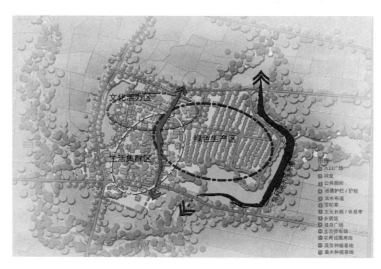

图 9-3 宋家集村规划结构图

3. 多业融合实施落地

宋家集村多业融合同样是依托美丽乡村建设来实现的。具体而言，通过乡村文化旅游景区带动乡村田园观光农业的开发（畈余农业园＋乡贤馆），把旅游过境地变为旅游观赏地，进而转为消费市场，利用畈余历史乡贤，挖掘湖北文化，联动乡村农耕文化和民俗文化的开发，并通过发展乡村农业旅游业，将村庄变成农业旅游休闲区，将田园变成可赏可采的观光体验农业园，实现内在旅游功能化、外在环境景观化。

9.1.3 经验借鉴与传导

1. 加强乡村规划，促进产业融合

各乡镇政府需要加强乡村规划，通过规划手段"把脉"乡村的病症，从空间、文化、生态等多角度进行梳理。通过系统性评估，明确自身优势，并以农业、农村、农民问题为导向，积极促进资源转化为产品，借助文化软资源联动项目，促进产业融合，打造内在旅游功能化、外在环境景观化的美丽乡村。

2. 严守生态底线，保障配套设施

大城市近郊乡镇往往兼有城市和乡村的特点，是山、水、林、田、湖、草等重要的生态保护区，开发敏感度较高。在进行乡村规划的"把脉"和"摸底"时，确定当地山、水、林、田、湖等生态资源与产业发展的关系，辩证地看待生态与产业发展的关系，提出科学合理的产业空间规划。

产业配套设施既是围绕核心产业环节互补的技术和服务手段，也是根据自身条件和外在环境，为产业发展的供需关系提供保障，在产业间和产业内作为一种互补功能存在的重要要素。大城市近郊乡镇在发展时因"被动城市化"的客观困境，其产业配套设施甚至公益性配套设施都或多或少存在不平衡、不充分问题，乡村规划需要解决配套设施不佳这个精准扶贫的前置性引导问题，在集约高效利用空间资源的同时，根据其产业体系类型科学合理地安排配套设施类型和布局。

3. 坚持政府领导，改善运营模式

科学合理的规划只有在政府领导下，才能通过优惠的土地政策，高效运用市场力量"盘活"本地资源，协调人、地、钱的关系，保证其落地性。产业融合不是简单的产业相加或相乘，其涉及的多元主体利益关系需要政府统一协调和安排，如通过搭建相关平台、提供相关服务、优化融资环境来改善农村多元产业主体的运营模式，为农村发展保驾护航。

9.2 贫困山区的多业融合——以宜昌市长阳县为例

长阳土家族自治县地属宜昌市，位于鄂西南山区、长江和清江中下游，是一个集老、少、山、穷、库于一体的特殊县份。境内有土家族、汉族、苗族、满族、蒙古族、侗族、壮族等 23 个民族，其中土家族约占 51%。受地形地貌限制以及复杂的民族结构和民族事务影响，经济水平低下，长期以来被划为国家级贫困县。但随着"绿水青山就是金山"的发展方式转变，长阳所特有的山水景观等休闲旅游资源在未来产业发展过程中必将大有可为，助力山区高质量、跨越式发展。本书以长阳龙舟坪镇郑家榜和全伏山村为例，提出基于"产业-空间"耦合效益下的乡镇多业融合实现路径。以资源为本，产业为体，空间为用，政策为机，分别从产业融合方式、产业空间耦合模式、乡镇多业融合体系、政策保障机制四个层面进行路径构建。其中产业层面以供需为心，强调城乡功能互补；空间层面以区位为界，强调土地功能识别。

9.2.1 现状分析与思路

9.2.1.1 现状分析

1. 区位

县域层面：长阳县地处武陵山经济协作区，区域层面上属于武陵山经济协作区的北大门，对外交通优势明显。

镇域层面：龙舟坪镇处于休闲旅游＋特色农业产业带，依托沪渝高速、318 国道及宜长快速路，交通条件相对较好。

村域层面：郑家榜村和全伏山村位于
沿头溪北部，依托北部陆路经济带，目前
以种植传统粮油、魔芋、薯类为主，同时
村落位于湖北省鄂西生态文化旅游圈内，
与长阳两大主要景区交界，拥有极好的旅
游发展环境（图9-4）。

图9-4　郑家榜、全伏山村在长阳的区位职能

2. 资源条件

自然资源方面：村域内景观生态资源
丰富。总体地貌特征上可分为山林、坡地梯田、河谷农田、高山平坝四个自然资源全貌
分区，其中，可作为集中旅游目的地资源点中的观赏类型包括山林景观、湿地水景、高
山平坝景观、矿山（锰矿）景观等。

人文资源方面：长阳位于荆楚与巴蜀的交界地段，同时也是土家族与汉族聚居区，
具有丰富的历史文化资源和极具特色的民族文化资源。村域内存在龙源文化传说地、红
色革命历史遗迹等特色人文资源，其中郑家榜村有古盐道巴蜀文化遗存，全伏山村域内
有 1 处古树，树龄已达 200 年。

3. 现状产业

沿头溪小流域包含七个行政村，产业以农业和工矿业为主，农业作为基础产业的地
位仍然突出。沿头溪小流域文化、旅游资源丰富，却未带动相关产业发展，产业以农业
为主，少量服务业为辅，产业活力不足。具体而言，郑家榜与全伏山村目前产业以农业
为主，高端农业项目数量少，二产、三产项目匮乏，产业活力有待提高。

4. 发展机遇

结合外部条件和自身资源、区位优势，郑家榜、全伏山村不仅具备完善的方山景区
服务配套，也延伸了沿头溪小流域观光旅游产品业态的重要区域发展职能。因此充分发
挥村庄地理区位优势，借助与周边景区的交通区位相连，配置相关民宿酒店、特色产品
等景区配套服务设施，提高旅游服务接待水平，打造集旅游集散功能和完善硬件设施于
一体、具有体验和消费功能的旅游配套服务区。同时完善方山石林景区旅游产品业态，
延伸发展观光旅游、康养度假、文化休闲等项目，扩大整合景区＋乡旅的旅游线路，提
升沿头溪小流域的品牌影响力。

9.2.1.2　多业融合发展思路

贫困山区产业最终落地成型是以具体的产业用地空间为基础的，高效、集中的产业
空间引起产业劳作者居住空间的集聚，而后进一步推动服务设施及生态空间的合理安
排，最后形成"生产-生活-生态"空间微点系统。基于此，本书提出"资源-产业-空间-
功能"耦合协同下乡镇一体化发展思路，即以多业态融合实现人口、产业、空间、功能
四大融合，产业、空间、功能三大一体化发展的总体思路。

对于长阳来说，其多业融合发展总体思路为：打造协同发展的产业融合体系，挖掘

清江流域特色旅游资源。

资源转化方面：依托清江画廊、方山特色生态旅游资源，以特色土家民俗文化、高山康养度假等资源，充分挖掘资源优势。

现状基础产业及空间方面：摸清村庄现状发展基础、现有农产品和服务产品以及村庄设施情况，优化山林体系下村庄发展，做强村庄示范产业。

区域功能方面：以沿头溪小流域整体发展为推手，撬动土家区域美丽乡村集群发展先行项目，践行村庄全域旅游发展。

配套设施方面：完善村庄集镇功能，塑造村庄特色，实现镇村统筹发展，利用景区打造完备的产业体系，重点发展多种旅游模式。

9.2.2　模式选择与方案

1. 产业融合模式选择

长阳地处贫困山区，其在产业融合项目开展中资源转换是基础，城乡供需推动力是关键，手段与措施起协调作用。可转换资源包括村域土地、林业、水域、风景名胜、民俗风貌、矿产地质等。具体而言，转化资源利用模式，将果园打造为集种植、游览、采摘于一体的观光园，将苗木基地打造为林下观光花园。传承百年巴楚文化、土家文化，打造沿头溪小流域特色民俗文化主题品牌，引领龙舟坪镇乡村振兴发展。

郑家榜、全伏山村以旅游为引擎，将特色村打造为旅游村；将旅游过境村打造为旅游配套服务村，带动经济转型发展（图9-5）。

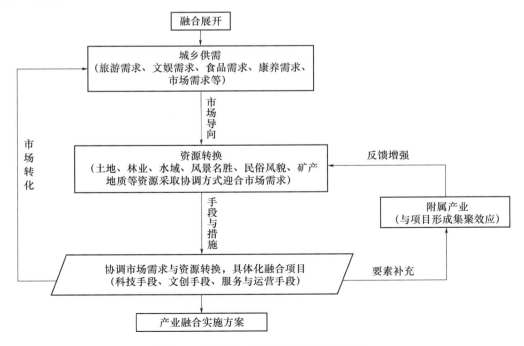

图9-5　郑家榜、全伏山村产业融合模式

2. 多业融合的产业体系选择

郑家榜村以方山石林景区为核心区域，重点打造特色旅游服务功能，将中心村湾一组作为主要服务节点，配备完善的旅游服务、停车休闲、民宿特产等，将后村作为村庄副中心，五组作为进入方山石林景区的节点，重点串联各个村组之间的配套功能，并结合各村组内部特色产业生态养殖、高山度假、药材种植等，为村庄整体发展创建完整的产业体系（图9-6）。

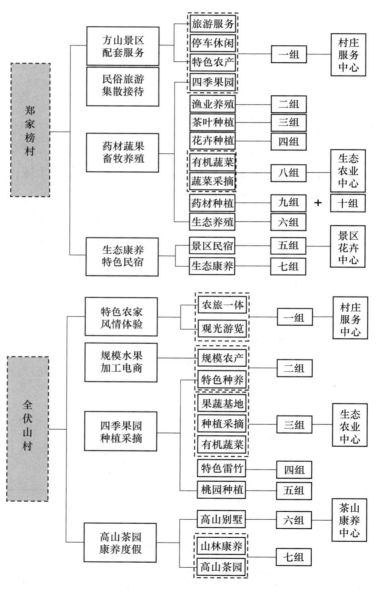

图 9-6　郑家榜、全伏山村多业融合产业体系

全伏山村内有高山牧场、网洲溪水库等自然风光资源，将中心村湾四组打造为农旅一体发展的主要节点，以农家乐、清江椪柑、盆景等推进"一村一品"建设，将六组打

造为特色康养中心，三组作为副中心，按照规模化、专业化、连片化发展种植业，种植业以茶叶为主、核桃为辅，养殖业以养猪养鸡为主、养牛养羊为辅，从而将村庄建设成为土家特色的休闲旅游村庄。

3. 多业融合空间模式构建

郑家榜、全伏山村是山林型乡村，除缺乏区位优势外，致贫原因主要是建设用地与农地存量不足和山水资源利用不足。因此，须充分发挥山水资源特色，发展乡村旅游。其产业空间耦合模式以既有山水格局为基础，即放射状/带状"旅游"＋服务型。最终形成一轴一带、多点联动，一主五副、多片协同，多点中心村湾联动发展，多片规模产业融合发展的空间模式（图9-7）。

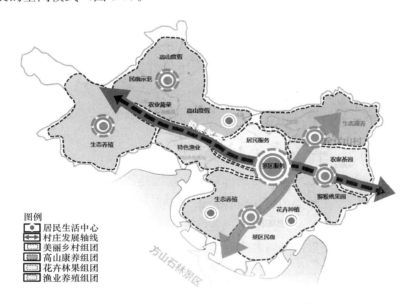

图 9-7 郑家榜、全伏山村多业融合空间模式

4. 多业融合实施落地

为保障村域多业融合的项目落地性，以建设湖北省美丽乡村示范集群为目标导向，从经济目标、社会目标、生态目标、村镇建设目标上综合设定，发展产业融合乡村。

经济发展层面：以推进"两化联动，多业并举"为目标，即全面实现农业现代化与产业特色化，整合农业种植资源，形成规模化种植，形成以农业、旅游业为主导，工业为辅的产业发展模式，其中农业要做大特色种植、做强水产养殖。

社会发展层面：以实施"镇村统筹，四惠农民"为目标，加强中心村湾公共服务设施建设，完善各村基础公共服务设施，统筹城乡发展，推广"四惠"（打工薪金、物业租金、社会保障金、村集股金）农民，以实现农民收入增长。

生态保护层面：以构建"绿色山林，碧水清江"为目标，构建可持续的山林生态景观系统，以山林田园为生态基底，打造绿色长阳；以清江水系为生态基础，打造碧水清江特色；建立生态环保机制，将沿头溪小流域建设成为低碳生态示范乡镇、绿色田园宜居家园、清江方山旅游胜地。

村镇建设层面：以发展"一村一品、景区乡村"为目标，以村为基本单位，发挥资源特色优势，通过规模化、标准化、品牌化建设，形成区域特色鲜明、产品附加值高的产品或产业。坚持"全域景区化"理念，依托田园、特色村落、山林资源等，大力开发旅游资源、拓展旅游业态、丰富旅游产品，形成"农村＋农业＋旅游"发展模式。

9.2.3　经验借鉴与传导

1. 借助区位优势，承担区域职能

区位与周边环境的评估重点在于区位价值与市场竞争关系的识别。不同地理区位上，乡镇产业经济导向下的价值选择与功能定位均会不同，而不同的经济区位（周边环境）上，渐成规模的同类产业空间集聚可能产生规模经济优势，也可能形成恶性竞争。认真评估研究区周边及大区域的综合发展状况，判断认为周围具备良好的旅游产业。因此，在发展现状产业的同时，积极承担起周边旅游景区的配套设施供给，弥补了当地产业职能不足的问题。

2. 摸清优势资源，推进资源转化、市场化

现状与资源评估是乡镇产业经济内部环境的系统性评估策略，其重点在于产业发展现状水平的判断与资源优势的识别。前者是识别产业发展基础与乡镇产业经济发展问题的关键，乡镇产业发展现状的共性是：产业结构单一，发展低效，亟待转型，其根源是资源优势不明显，产业发展底子薄的问题。因此，后者作为进行资源普查、对比评估的重要手段，为乡村依托核心资源优势，创新产业业态，实现产业转型提供支撑。

研究区地处贫困山区，农业发展水平低下，但其具备特色旅游资源，其中包括自然资源和人文资源。

自然资源方面：推动山林、水系资源转化，形成采摘、滨水休闲、康养、游览、体验式种植等旅游项目和旅游产品。

人文资源方面：以文化为依托，创新经营主体，实现多元主体协作分工，助推乡村产业兴旺，构建以村组为单元的纽带。

3. 优化国土空间，开展土地整治

根据产业空间格局、规划结果优化村域国土空间，即通过规划目标与现状用地校正，确保科学客观的判断结果。具体校核内容主要涉及林业、土地、生态等不同职能部门，预判结果通过与管控边界、管控强度等进行比对，查缺补漏，剖析差异，互相补充与完善，继而形成协调一致的产业空间耦合格局。

坚持绿色发展理念，开展损毁土地复垦潜力调查评价，按照"宜耕则耕、宜林则林、宜水则水、宜牧则牧"的原则，统筹安排复垦土地利用方向、规模和时序，确定复垦的重点区域，确保土地复垦规范有序开展。对农业空间内的土地，按照方便生产生活

的原则，以促进农业现代化为目标，大力推进农用地整理；按照新农村建设的要求，切实搞好乡村规划，合理引导农民住宅相对集中建设，促进自然村落适度撤并，开展旧村庄整理复垦，提高土地利用效率。

9.3　平原地区的多业融合——以荆门市屈家岭为例

屈家岭管理区位于荆门市东南部，是荆门市全域为主体功能区"中国农谷"的核心所在，人文资源与生态资源丰富，其中围绕屈家岭文化遗址发展的旅游产业享誉华中地区。近年来屈家岭管理区农业科技化与现代化逐渐迈入湖北省前列，并入选全国农垦系统百家现代农业示范区，但辖区内部分乡镇产业空间跟不上时代的脚步，仍然处于传统的小农经济产业阶段，农业发展缺乏动力，农民收入一度停滞不前，迟迟不能形成完整的乡镇产业空间体系。因此，本书以屈家岭管理区何集办事处下洋村为例，通过分析其产业结构的内在联系，从产业空间与产业体系融合的角度构建模型，并分析实施落地存在的难点与优势以探索平原地区乡镇的多业融合实践路径。

9.3.1　现状分析与思路

9.3.1.1　下洋村现状分析

1. 区位

下洋村位于屈家岭何集办事处南部，距屈家岭管理区 8 千米，东距武汉中心城区 100 千米，西距荆州市中心 60 千米；五三中路（原九五线公路）南北横穿而过，是屈家岭北部乡镇交通重要过境节点之一，是典型的鄂西平原地区传统农业型欠发达乡村（图 9-8）。

2. 资源与产业

下洋村生态资源丰富，地貌属江汉平原，受历史司马河泛滥沉积影响，高产土壤分布广泛，长期农业种植中保留了鲜明的鄂西农耕文化。此外，民国时期下洋村曾是司马河重要的渡口，被称为"下洋港"。村内产业结构与职能单一，一产占比超过 90％，以家庭为单位的水稻种植为主，部分山地用作畜牧业、现代农业及对外承包耕种；村域内几乎没有二产；三产处于较原始阶段，商业、运输、配套服务等附属产业滞后（图 9-8）。

3. 机遇

下洋村乡政府目前已经着力于"农企结合"的产业模式，已经建设若干现代化香菇种植、稻虾养殖、果蔬种植等特色农业基地。鄂西、武汉大旅游圈影响力扩增，逐渐渗透到湖北乡村地区，荆门市愈加重视乡村旅游，出台了"五大特色乡村""全域旅游"等振兴乡村的政策。这些政策为下洋村农旅发展提供了机遇。此外，下洋村农耕文化、经济基础与历史遗址也是下洋村把握机遇的重要底牌。

图 9-8 下洋村村域概况

9.3.1.2 多业融合发展思路

平原地区乡镇发展受到的制约因素较近郊区和山区更为复杂。其中关键性因素有两种：一是农业低效发展、结构简单无法支撑乡镇产业；二是地理区位难以吸引资金、技术，产业难以维系。

因此，平原地区乡镇产业升级突破的关键在于转变传统农业结构，形成基于一产的现代农业体系，如现代农业生产销售一体化体系、农旅观光服务体系等。具体而言，首要任务是通过农业自身提质、优化，促进农业生产高效性；其次细分产业结构，建立以优质项目为主的产业团块，横向拓展多个项目、产业、乡村区域的产业链，增强乡村资源转换能力和配套附属产业，扩大乡村供需影响力；最后通过优势产业团块与周边乡村二、三产联动，带动周边形成产业空间体系，辐射周边乡镇。本次研究选取屈家岭下洋村为平原地区乡镇典例，针对其现状提出如图 9-9 所示的多业融合发展路径。

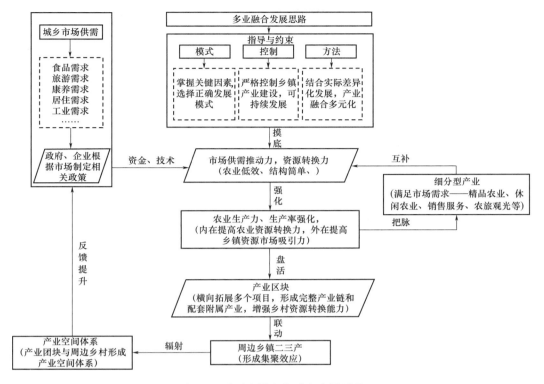

图 9-9　平原乡村多业融合发展思路

9.3.2　模式选择与方案

9.3.2.1　下洋村多业融合模式选择与产业体系设计

下洋村产业空间上没有明显的市场供应源，农业产品大多处于自产自销状态，生产力较为原始，现状村政府通过企业、政府、农户在产业分工合作基础上开展数个优质农业示范项目，一定程度上提升了村内产业发展的能力。但总体来看，下洋村整体是典型的供需推动力弱、资源转换力弱的乡村。

针对下洋村产业基础现状，初步阶段的融合模式选取产业循环发展模式。融入"科技＋农业"的现代农业技术逐步调整村域内产业结构体系，尤其是产业空间结构。中后期阶段产业发展参照村内土地经营承包现状，进一步发展为产业分工合作融合模式，形成类似于企业-政府-农户相互紧密联系的农业产业集群。远期阶段发展产业分工合作融合模式，互补配套深加工、运输、农家乐等附属产业，进一步提升资源转化潜力，实现一、二、三产整体融合。

下洋村农业经济优势较大，周边景观受到工业化、城市化的影响较少。除此，下洋村还保留了传统鄂西乡村地区耕种文化，其产业体系选择"农业-现代农业"型产业体系，逐步将传统农业向现代农业转变。主要模式为循环农业、规模农业、智慧农业、设施农业以及特色农业，具体包括农业生产为主的一产，农用基础设施建设为主的二产，农业生产服务、销售服务和智慧农业服务为主的三产（表9-3）。此外，下洋村也可以根据现状自然文化资源，发展休闲、民宿、商服、旅游等附属产业。

表9-3　平原乡村"农业-现代农业"型产业体系

体系模式	平原乡村规模农业-循环农业-智慧农业-设施农业
动力机制	农业市场驱动、乡村政策驱动、资源潜力驱动
一产	现代农业、循环农业、畜牧业、渔业
二产	农业加工、农业生产培育建设、农业基础设施建设等
三产	旅游业、销售服务业、农业生产培育等
融合特点	农业强化型产业，中高端农旅型乡村的过渡阶段

9.3.2.2　多业融合空间模式构建

在上文产业融合模式选择下，基于下洋村基础自然资源条件，产业空间中单个一产循环的发展逐渐衍生附属的二三产，之后各个产业逐渐形成空间扩散区，一、二、三产的扩散区会进一步结合、作用、演变、融合，形成"单节点-散块-团块"的演变体系，最终会演变为多业融合的产业空间。规划形成"一轴双心，多片现代农业组团"，"一轴"是指以五三中路为村庄发展轴线，"多片"是指"一轴"串联的美丽乡村组团、特色虾稻种植组团、智慧农业培育组团、优质水稻种植组团（图9-10）。

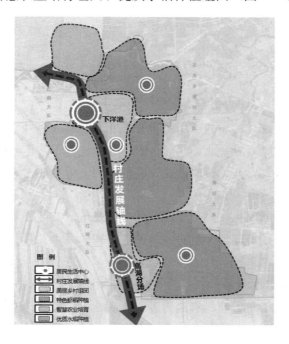

图9-10　下洋村规划结构图

9.3.2.3　多业融合实施落地

下洋村多业融合的落地与实施需要现代科学技术或先进的农业生产理念来推动。如通过转换农业生产模式发展"特色虾稻种植""智慧农业培育"等现代农业，优化资源转换效率，提高农产品基础品质；以农产品的市场需求为直接导向，运用订单生产、统购统销、分工组织、股份合作等方式形成合作联盟，企业、农户等签订分工合作协议，细分农业资源潜力；以点带面带动周边区域山、水、田、地等附属产业与农业的融合，改变原有基础产业空间，打造结构稳固的新融合产业体系。

9.3.3 经验借鉴与传导

1. 掌握关键因素，选择正确发展模式

欠发达乡镇在产业、企业、用地、环境、人口、文化、市场与民俗等方面存在制约因素，但往往其最主要的因素只有1～2种。以下洋村为例，在进行规划前期"摸底"中，区位与产业结构是关键因素，"把脉"关键因素，系统性评估下洋村各类自然人文资源要素，"摸清"产业发展短板，分析目前基本优势和主要困境，逐步优化产业布局，最后选择正确发展模式重点突破，为周边同类欠发达乡镇困境突围指明方向。

2. 严格控制乡镇产业建设，可持续发展

平原地区欠发达乡镇往往是远离城市区域，是生态、人文资源集中的区域，开发敏感性限制较强，在进行产业规划、乡镇规划时需首先保障生态安全、粮食安全，其次才是进行产业开发以及融合项目落地。平原地区欠发达乡镇保障资源环境安全的最有效方法是进行"双评价"，分析乡镇资源环境承载力与国土空间开发适宜性，综合考虑资源环境要素和区位条件以及特定国土空间，可持续地进行农业生产等人类活动是至关重要的。

3. 结合乡镇实际差异化发展，产业融合多元化发展

多业融合旨在缩小农村在快速发展社会中产业、经济差距，满足人民美好生活需求。多业融合的制定与落地不仅仅是产业之间的融合，更包括乡镇、城市之间资源、市场、人文、资金、教育等各方面多元主体的融合。许多实例表明在成功"盘活"乡镇资源的案例中，产业融合实践的表现形式存在差异化、多元化，如部分乡镇土地"三权分置"制度衍生的农村集体经营性建设用地入市，闲置宅基地多属性利用等。以下洋村为例，本次研究的多业融合实施路径，是从产业特征、模式选择、空间耦合方面进行升级，这与其他类似产业融合实践路径有所不同，为解决平原地区乡村产业融合问题提供了经验与借鉴。

参考文献

[1] 靳晓婷，惠宁. 乡村振兴视角下的农村产业融合动因及效应研究 [J]. 行政管理改革，2019 (7)：68-74.

[2] 郭振宗. 中国城乡产业融合发展的阶段性特征、发展趋势及促进对策 [J]. 理论学刊，2013 (8)：52-56.

[3] 熊爱华，张涵. 农村一二三产业融合：发展模式、条件分析及政策建议 [J]. 理论学刊，2019 (1)：72-79.

[4] 孔祥利，夏金梅. 乡村振兴战略与农村三产融合发展的价值逻辑关联及协同路径选择 [J]. 西北大学学报（哲学社会科学版），2019，49 (2)：10-18.

[5] 胡金星. 产业融合产生的内在机制研究——基于自组织理论视角 [C] //上海市社会科学界第五届学术年会文集（2007 年度）（青年学者文集），2007：295-299.

[6] 吴少平. 产业创新升级与产业融合发展之路径 [J]. 首都经济贸易大学学报，2002 (2)：13-16.

[7] 郝立丽，张滨. 新时期我国农村产业融合的发展模式与推进机制 [J]. 学术交流，2016 (7)：116-121.

[8] 李宇，杨敬. 创新型农业产业价值链整合模式研究——产业融合视角的案例分析 [J]. 中国软科学，2017 (3)：27-36.

[9] 梁伟军. 产业融合视角下的中国农业与相关产业融合发展研究 [J]. 科学经济社会，2011，29 (4)：12-17＋24.

[10] 屠爽爽，龙花楼，张英男，等. 典型村域乡村重构的过程及其驱动因素 [J]. 地理学报，2019，74 (2)：323-339.

[11] 屠爽爽，龙花楼. 乡村聚落空间重构的理论解析 [J]. 地理科学，2020，40 (4)：509-517.

[12] 龙花楼，戈大专，王介勇. 土地利用转型与乡村转型发展耦合研究进展及展望 [J]. 地理学报，2019，74 (12)：2547-2559.

[13] 陈英华，杨学成. 农村产业融合与美丽乡村建设的耦合机制研究 [J]. 中州学刊，2017 (8)：35-39.

[14] 姜棪峰，龙花楼，唐郁婷. 土地整治与乡村振兴——土地利用多功能性视角 [J]. 地理科学进展，2021，40 (3)：487-497.

[15] 许恒周. 全域土地综合整治助推乡村振兴的机理与实施路径 [J]. 贵州社会科学，2021 (5)：144-152.

[16] 单正英，李何超. 村庄建设、土地利用与农村产业发展的规划协调研究——以四川省彭州市葛仙山镇熙玉村灾后重建规划为例 [J]. 土壤，2013，45 (2)：1361-1365. DOI：10.13758/j.cnki.tr.2013.02.006.

[17] 孙建欣，吕斌，陈睿，等. 城乡统筹发展背景下的村庄体系空间重构策略——以怀柔区九渡河镇为例 [J]. 城市发展研究，2009，16 (12)：75-81＋107.

[18] 刘恬，胡伟艳，杜晓华，等．基于村庄类型的全域土地综合整治研究 [J]．中国土地科学，2021，35（5）：100-108.

[19] 潘悦，韩瑞，庞添．"三权分置"对乡村产业空间的激活效应研究 [J]．规划师，2021，37（14）：27-33.

[20] 赵趁．城乡融合背景下农村一二三产业融合发展新模式及实现路径 [J]．农业经济，2019（11）：9-11.

[21] 李喆．浅析现代农业产业体系的发展现状与前景 [J]．山西农经，2021（20）：153-155.

[22] 张妃．农业产业体系下农村经济发展路径 [J]．现代营销（学苑版），2021（5）：12-13.

[23] 丛婉．乡村振兴背景下的农康旅小镇发展路径探究 [J]．农村经济与科技，2021，32（2）：40-41.

[24] 王安平，杨可．新时代乡村旅游业与乡村振兴融合发展途径研究 [J]．重庆社会科学，2020（12）：99-107.

[25] 梁雪，唐宝水．以康养旅游推动河北省农村三产融合发展的路径研究 [J]．农业与技术，2020，40（20）：152-153.

[26] 梁慧超，刘璇．全域旅游视角下京津冀旅游产业融合度及路径研究 [J]．河北工业大学学报（社会科学版），2019，11（4）：1-8.

[27] 易慧玲，李志刚．产业融合视角下康养旅游发展模式及路径探析 [J]．南宁师范大学学报（哲学社会科学版），2019，40（5）：126-131.

[28] 关潇，李义杰．产业融合视角下田园综合体建设模式与对策研究 [J]．管理观察，2019（14）：67-68.

[29] 王雨村，屠黄桔，岳芙．产业融合视角下苏南乡村产业空间优化策略研究 [J]．现代城市研究，2017（10）：44-51.

[30] 闫建，姜申未，熊想想．基于产业发展与土地整治联动的乡村空间重构研究——以重庆市石坪村为例 [J]．重庆理工大学学报（社会科学），2019，33（9）：79-89.

[31] 姜申未．土地整治对乡村"三生"空间重构的影响 [D]．重庆：西南大学，2018.

[32] 柴志贤，何伟财．城市功能、专业化分工与产业效率 [J]．财经论丛，2016（11）：11-19.

[33] 张颢瀚．论都市圈价值导向、城市功能和产业三位一体的转变 [J]．南京社会科学，2012（2）：1-6.

[34] 丁涛．农户土地承包经营权流转意愿研究——基于 Logistic 模型的实证分析 [J]．经济问题，2020（4）：95-103.

[35] 田逸飘，廖望科．"三权分置"背景下农村宅基地相关主体性关系变化与重构 [J]．农业经济，2020（3）：89-91.

[36] 刘禹宏，曹妍．中国农地产权制度的本质、现实与优化 [J]．管理学刊，2020，33（1）：9-17.

[37] 洪银兴，王荣．农地"三权分置"背景下的土地流转研究 [J]．管理世界，2019，35（10）：113-119＋220.

[38] 柯炼，黎翠梅，汪小勤，等．土地流转政策对地区农民收入的影响研究——来自湖南省的经验证据 [J]．中国土地科学，2019，33（8）：53-62.

[39] 李进军，陈云川．现代旅游农业产业融合发展业态及问题分析 [J]．商业经济研究，2017（15）：167-169.

[40] 滕鹏，宋戈，黄善林，等．农户认知视角下农地流转意愿影响因素研究——以湖北省京山县为例 [J]．中国农业资源与区划，2017，38（1）：89-95.

[41] 冯红英，赵金涛．基于耦合理论的乡村休闲产业新业态建设研究 [J]．农村经济与科技，2016，27（15）：77-80.

[42] 潘悦，罗翔．基于城乡统筹的农村土地流转动力机制研究——武汉例证 [J]．中国房地产，2016（15）：42-50.

[43] 游和远．地权激励对农户农地转出的影响及农地产权改革启示 [J]．中国土地科学，2014，28（7）：17-23.

[44] 潘悦，洪亮平．中西部大城市近郊区"被动城市化"困境突围 [J]．城市规划学刊，2013（4）：42-48.

[45] 王兴平，涂志华，戎一翎．改革驱动下苏南乡村空间与规划转型初探 [J]．城市规划，2011，35（5）：56-61.